谨以此书献给所有肯尼迪航天中心的工作人员,你们的辛勤付出、高标准的工作和坚定决心造就了卡纳维拉尔角的这个火箭之城,这里不仅是人类探索前沿科技的试验场,也是践行科学家精神的试验场。

太空之门

肯尼迪航天中心

[美] 大卫·韦斯特·雷诺兹 (David West Reynolds) 著

陈雷 译

重庆大学出版社

右：古恩特·F.温特，通常是发射前宇航员们最后见到的人，负责所有"水星"计划、"双子星"计划、载人航天"阿波罗"计划以及"太空实验室"等飞行任务的航天器发射准备工作。

推荐序

卡纳维拉尔角，原本是一个冷战时期用来测试发射火箭的军事基地，初来乍到的我们（我们初到这里时，被称为新来者）却在这里实现了民用载人航天计划，将人类（称为宇航员）送入太空。

老前辈们（我们对那里的军事人员的称呼）通常在卡纳维拉尔角进行火箭组装、燃料加注，并在火箭顶部放上"鼻锥"状爆炸弹头，旨在发射命中远处目标，每一次发射都是一次性的。

作为新来者的我们把一种由隔热瓦包裹覆盖的新"鼻锥"放置在火箭顶部，这种新"鼻锥"后来被叫作"宇宙飞船"。当我们提议把一只黑猩猩和一个人放在新"鼻锥"里，并期望把它或他们活着带回来的时候，老前辈们都惊叹不已。前期那些一次又一次的火箭故障和爆炸事故还历历在目，老前辈们觉得我们的想法太疯狂了，他们摇着头祝我们好运。

甚至有7名志愿者（宇航员）坐在这些看似滑稽的"鼻锥"上，在卡纳维拉尔角的每次会谈中，我们都试图说服他们，告诉他们我们的"鼻锥"其实是一个航天器。在每次火箭爆炸后，我们都试图找出问题到底在哪里，但总是被告知我们没有"知情权"——而且测试结果被定为最高机密而不可告知。

尽管遭遇挫折，但我们仍然坚信，我们一定能够将人类送入太空！我们在组装、检查、火箭发射和航天器回收等每一项环节都很谨慎，或许过程中我们也会犯错误，但我们从中充分吸取经验教训，为下一次的技术迭代、改进奠定基础。

我们成功发射了两只黑猩猩并安全地将它们带回了地球，这一壮举大大提高了我们在资深航天工作者中的支持率，甚至记者们也不再称我们为"疯狂的科学家"。

第一颗人造地球卫星——苏联的"斯普特尼克1号"，以及第一位进入太空的苏联宇航员，虽然在某种程度上削弱了我们的优势，但随着"水星"计划的实施以及谢泼德等宇航员先后进入太空，我们也逐渐开始迎头赶上。

"双子星座"计划的成功实施，使我们在航天器能力和操作经验方面超越了苏联。越来越多面向载人航天计划而建造的新设施、新设备逐渐投入使用，美国航天领域开始进入了以"阿波罗"计划为代表的新阶段。整个"阿波罗"计划的高光时刻,便是人类首次成功登陆月球并安全返回。

早期那些曾在卡纳维拉尔角参与航天计划的"新人"们,现在已然成为资深的航天工作者,我们期待新的一代能够延续卡纳维拉尔角的故事,进一步推进人类对宇宙的探索。

——古恩特·F.温特

前　言

　　虽然航天计划的任务不是在卡纳维拉尔角决定的，航天器的设计和建造不是在这里完成的，宇航员们的训练和任务控制也是在其他地方进行的，但通往太空的门户却是这里——卡纳维拉尔角，美国所有的太空计划要素都汇聚于此——位于卡纳维拉尔角的肯尼迪航天中心。

　　肯尼迪航天中心团队肩负着巨大的压力和责任，他们是庞大的美国航空航天局飞行控制队伍中的最后一支力量，他们要在其他飞行控制团队完成工作后，对所有工作做最后一次核验校对，以确保航天器每一个部件都在轨工作正常、各项工作万无一失。在他们之后，就不会再有团队来为他们的工作兜底了。

　　火箭在发射升空前，需要极其精细的准备工作。每种火箭都需要一个根据其特定需求而定制的专用发射台。如果没有精心的准备操作和相匹配的设备支持，火箭就毫无用处。最先进的火箭需要最先进的发射设施，而2010年之前美国最好的发射设施就位于充满传奇色彩的卡纳维拉尔角和肯尼迪航天中心。

随着发射塔架摆杆与火箭的分离，一团火箭尾焰标志着"阿波罗11号"正缓缓升空，它携带着宇航员尼尔·阿姆斯特朗、迈克尔·柯林斯和埃德温·奥尔德林开启前往月球的征程，摄于1969年7月16日。

目　　录

第一章

通向太空之路

世界上最先进的火箭需要最先进的发射设施，而2010年之前美国最好的火箭发射设施就位于充满传奇色彩的卡纳维拉尔角和肯尼迪航天中心。

火箭之家

卡纳维拉尔角是佛罗里达东海岸朝向大西洋突出的一块陆地,地理位置非常显眼,以至于在太空中都可以轻易地辨识出来。卡纳维拉尔角在早期西班牙绘制的佛罗里达地图上,就被标识为其中的一个地理特征,其可以作为一个地标,指引西班牙军舰或商船通行于巴哈马海峡。船只一看到卡纳维拉尔角,就会向右舷行驶,向东驶向开阔的海洋,探索地平线之外的大陆。这些船只中有许多与潜伏在这片水域中的浅滩相撞,它们的残骸散落在海底。在过去的半个世纪里,古老的船只残骸和其中的手工制品,同坠落的导弹和发射失败的火箭部件混杂于海底。卡纳维拉尔角从古至今一直被视作冒险的起点,从这里出发,挑战者们便踏上了从一个世界通往另一个世界的勇敢征程。

← 2002年,在肯尼迪航天中心游客综合大楼的火箭花园上空拍摄的执行哈勃太空望远镜发射任务的"哥伦比亚"航天飞机。

肯尼迪航天中心

美国航空航天局(NASA)的肯尼迪航天中心位于开普敦北部，占地近 14 万英亩①。在这个建筑群的中心，矗立着世界上最宏伟、最具特色的建筑之一：飞行器装配大楼。巨大的航天飞行器在飞行器装配大楼内部庞大的塔架上完成组装，为发射进入太空做好准备。飞行器装配大楼周围是航天飞机的着陆跑道、机库以及发射控制中心。在飞行器装配大楼通往海边的方向上，有一条长约 3 英里②、为航天飞机履带拖车（专用于拖运美国航空航天局最强大的航天器）专门铺设的公路。该条公路末端分为两支，分别通向 39A 和 39B 两个发射台。从这里，将开启一段笔直向上的飞天之路。自 1968 年 12 月阿波罗 8 号任务以来，美国所有的载人航天任务都是在这两个塔架上发射升空的。

严格地说，肯尼迪航天中心与卡纳维拉尔角之间是隔着河流的，所以它其实位于梅里特岛上。尽管如此，肯尼迪航天中心仍被许多人认为是广义的火箭之家"卡纳维拉尔角"的一部分。美国航空航天局在卡纳维拉尔角空军基地内的南部区域建造了早期的发射塔架，但是到了 20 世纪 60 年代中期，空间逐渐变得不够用了。阿波罗登月计划中的土星五号火箭的体积如此之大，以至于美国航空航天局向真正的卡纳维拉尔角以北扩张，买下了梅里特岛大部分土地，用于发射探月火箭。这个为阿波罗登月计划而建造的土星五号综合建筑就逐渐成了今天的肯尼迪航天中心。

1963 年 11 月，在美国总统约翰·肯尼迪遇刺身亡 6 天后，他的继任者林登·约翰逊下令为卡纳维拉尔角和那里的美国航空航天局发射中心重新命名，以纪念他去世的前任。就这样，历次伟大的登月任务都是从"肯尼迪角"发射开始的。佛罗里达公众对这个具有历史意义的"海角"原名称的喜爱使得它在 1973 年恢复原名，但"肯尼迪航天中心"的称谓仍继续保留，以纪念约翰·肯尼迪在太空计

← 1998 年，39 号发射综合体主要由飞行器装配大楼，以及通向 39B（左边）和 39A（右边）发射工位的专用道路组成。

① 1 万英亩=40.4685642 平方公里。——译者注
② 1 英里=1 609.344 米。——译者注

↑ 1999 年，飞行器装配大
楼鸟瞰图。

→ 2005 年，39B 发射台的
鸟瞰图。

太空之门：肯尼迪航天中心

↑ 1964年，冷战巅峰时期，卡纳维拉尔角空军基地的导弹发射架北向视图。

划方面所做出的关键性支持。

肯尼迪航天中心内部容纳了成千上万的人，从中心主任到工程师和技术人员，再到大批的后勤人员，庞大的人员规模足以媲美一个小型城市的人口数量。中心内团队成员通力合作，共同把航天器部件组装成待命发射的火箭，以多种方式检查相关设备状态，运输高危燃料，并按计划执行很多其他类型的航天发射任务。一个广阔的工业园区为肯尼迪航天中心提供从有效载荷准备到降落伞组装等服务。组建空间站的器部件从世界各地运抵空间站处理设备中，并在此完成最终的检查确认和相关准备工作。载人飞船操作大楼内包含宇航员宿舍、餐厅和任务预备区。

卡纳维拉尔角空军基地

与肯尼迪航天中心南部接壤的是卡纳维拉尔角空军基地，隶属于空军，是一片军事管辖区域，不属于美国航空

↑ 这些南方秃鹰栖息在肯尼
迪公园北路的一个巨大的
鸟巢里，似乎对周围的噪
声和活动不感兴趣。

航天局的民事管辖范畴。卡纳维拉尔角拥有46个发射工
位，最早可以追溯到1950年在3号综合发射设施的第一次
发射任务，其标志着第一个发射台的完整建成。1968年
前，所有的宇航员都是从卡纳维拉尔角进入太空的，因为
他们最初乘坐的其实都是改装过的军用导弹。艾伦·谢泼
德从5号发射台搭乘一枚改装过的红石导弹升空，成为美
国第一个进入太空的人；约翰·格伦从14号发射台搭乘一
枚改装过的阿特拉斯导弹升空，成为美国第一个进入太空
运行轨道的人。卡纳维拉尔角的大多数发射台其实是用来
发射导弹的，而不是用来发射火箭的。沿着海岸的一长排
建筑群中，就包括不祥的"导弹基地"，冷战期间，阿特拉
斯和泰坦核洲际弹道导弹（ICBMs）就曾在此进行过试验。

特别是在20世纪60年代，军事导弹在卡纳维拉尔角动
作非常频繁。正是在这里，美国陆军发射了美国第一枚战
术弹道导弹"红石"，以及"潘兴"——"红石"导弹面向
战场的固体改进型号。美国海军还在这里试射了168枚
"北极星""海神"和"三叉戟"导弹。同时，海军部队还
在位于卡纳维拉尔港的潜艇中，装载了更多这样的导弹，
并从水下发射。美国空军使用这一海角测试并发射了一系

太空之门：肯尼迪航天中心

列洲际弹道导弹，从"阿特拉斯"导弹、"泰坦 I"导弹、"泰坦 II"导弹，到今天的"民兵"系列导弹。这些历史上著名的发射台现在大多都已停用或被拆除，但从散布在旧址周围的现役发射台上，还是能够感受到无人火箭升空时的尾焰和轰鸣声。

如今，大多数的发射都是执行卫星发射任务。自1989年开始，全球定位系统的空间卫星星座由波音公司研制的"德尔塔"火箭从17号发射台发射升空，一系列通信和侦察卫星由洛克希德·马丁公司研制的现代先进的"阿特拉斯 V"等火箭从41号发射台发射升空。

所有的发射任务都要经过气象条件检查确认和发射场区安全办公室的许可才能执行，以确保相关条件的稳定性和满足度。每年大约有50枚"超级洛基"气象探空火箭从47号发射台发射到大约57英里的高空。它们充当着先遣侦察兵的角色，通过气柱测量风和温度数据，以确保满足发射大型航天器的安全条件。

多年来，美国航空航天局与军方共享和交换了一些发射台的使用权和所有权。如今，美国空军监管着整个海角区域，所以当美国航空航天局要发射一枚非载人运载火箭时，就需要向美国空军借用一个发射台。然而，许多从事这种发射工作的人员，他们的薪水既不是来自美国航空航天局，也不是来自空军，他们其实是通过与政府机构或商业客户签订合同的方式，为波音、洛克希德等航空公司工作。

野生动物国家级保护区

茂密的棕榈树丛、蜿蜒的河流和雾气弥漫沼泽地，是早期西班牙探险者们首次登上这里时看到的景象。如今，宁静如初的这些热带地貌仍然覆盖着卡纳维拉尔角的大部分区域。海牛在微咸的河流和小溪中缓慢漂流，短吻鳄则在沙滩上晒太阳，犰狳在松林和灌丛橡树林中小跑，白头海雕在空中翱翔，不仅如此，发射台周边区域的鸟类还有很多种。护林员看守着500多种野生动物。成立于1963年的美国国家公园管理局，负责管理梅里特岛国家野生动物保护区，看护着这片面积达14万英亩的湿地。设立这片保护区有双重目的：一是保护湿地环境的生态；二是为火箭发射场提供一片重要的安全保密缓冲区。除却偶尔火箭发射时产生的雷鸣般爆炸声外，这片土地宁静祥和、郁郁葱葱、物产丰富，栖息着包括15种濒危野生物种在内的多样动物。

倒数计时

肯尼迪航天中心庞大的设施设备会让大多数游客产生敬畏之情。每一个发射台都包含如此多的设施设备，以至于这些点位应该更准确地被称为"发射复合体"。这些发射复合体的构造和大小差异很大，似乎远远超出了普通人的理解范围，然而事实是，即使是巨大如"阿波罗号"或者"航天飞机"所用的发射设施，实际上几乎与所有火箭（甚至是你可以在业余爱好商店买到的模型火箭）发射所用的设施一样，只不过是这些设施的超大号版本而已。一旦你知道要寻找什么，你就能够开始领悟到，多年以来，随着火箭系统的不断发展，工程师们一直在寻求用不同的方式去解决一致问题的策略。本节介绍了"发射复合体"的基本元素，这些元素构成了本书其余章节的关键词汇。

← 1970 年，发射"阿波罗 13 号"的"土星"系列运载火箭点火后的倒计时器。

↑ "大肚鱼"运输机坐落在
德莱顿空军基地，等待着
飞行测试与评估，摄于
1962年。

陆地运输——公路和铁路

由于火箭不是在卡纳维拉尔角制造的，大多数太空飞行器都是先以离散部组件形式运抵这里，再在发射地点附近进行组装和集成而成的。最早的 V-2 火箭是用军用牵引拖车运来的。当铁路被引入为发展中的卡纳维拉尔角服务时，火车也开始被用来运输设备。在航天飞机项目中，铁路仍然是一个至关重要的环节，它将航天飞机的白色"助推火箭"部组件从远在犹他州的制造商 Thiokol 处运来。

空中运输——降落滑道和"大肚鱼"运输机

曾经，多数火箭部组件都是通过军用运输机运抵卡纳维拉尔角，并被卸载在位于其中心的滑道上，比如第一个双子星座-泰坦 II 号火箭子级。但随着时间的推移和发展，火箭的部组件变得越来越大，从制造商向卡纳维拉尔角运送火箭部组件的难度越来越大。当"阿波罗-土星号"运载火箭甚至连最小的子级都显得太大而不能装进任何标准

运输货机时，美国航空航天局不得不等待这些子级通过水路从加利福尼亚州道格拉斯飞机制造商的工厂运抵卡纳维拉尔角。穿越巴拿马的长途航行需要18~25天的时间，如果再由于测试问题延误了发货，就很有可能会破坏早期既定的发射计划。

但美国企业家杰克·康罗伊决定，在现有飞机的后部增加一个巨大的气球状货舱，用来运输"阿波罗-土星号"运载火箭的上层部分，从而为美国航空航天局降低宝贵的时间成本。飞机的整个机头部分在一侧能够通过铰接被打开，以便货物进入货舱。康罗伊用个人资金支持了自己的想法，创立了名为"Aero Spacelines"的飞机制造商。这一不同寻常的想法，促成了世界上最大的飞机之一。它看起来非常不适合飞行，并赢得了一个不讨喜的绰号：大肚鱼运输机。它耗尽了康罗伊的资产，以至于他无法完成剩下的飞机内部装饰。就在山穷水尽之际，康罗伊又不顾一切地驾驶这架飞机，前往位于亚拉巴马州亨茨维尔的美国航空航天局总部，去寻找"阿波罗-土星号"运载火箭总设计师沃纳·冯·布劳恩。虽然有众多批评者和怀疑者嘲笑这架笨拙的飞机，但冯·布劳恩非常喜欢康罗伊这个大胆的

↑ 在航天飞机着陆跑道上，国际空间站的某些组成段刚好被塞入"超级大肚鱼"运输机直径24英尺[①]的机身内部，摄于2002年。

---

① 1英尺=0.304 8米。——译者注

想象，他登上这架奇异古怪的飞机进行了飞行验证。当康罗伊的飞机返回地面时，高兴的冯·布劳恩被说服了，"大肚鱼"运输机于1963年正式进入美国航空航天局服役。这架意义非凡的飞机很快将美国航空航天局的计划拉回到正轨，它在18小时内将首枚"土星一号"运载火箭所必需的上面级，从加利福尼亚州运抵卡纳维拉尔角。在接下来的17年里，"大肚鱼"运输机和比它更大的姐妹飞机"超级大肚鱼"运输机，相继为美国航空航天局节省好几个月的运输时间，为赶上"阿波罗"登月计划的最后期限做出重要贡献。

除了"阿波罗-土星号"运载火箭上面级外，"大肚鱼"运输机还运输过多种其他重要载荷，包括位于马里兰州的洛克希德·马丁公司的"双子星座"火箭子级、"土星"号运载火箭的计算机和仪器"大脑"单元环、Skylab公司的空间站组件——核心工作站、"阿波罗"太空望远镜的多组对接模块等。如今，作为曾经的功勋"大肚鱼"运输机的替代者，"超级大肚鱼"运输机（美国原型机的欧洲制造版本）担负起运输国际空间站部组件的责任，"超级大肚鱼"运输机仍然降落在曾经的那条跑道上。

→ 一艘驳船载着巨大的"阿波罗-土星号"运载火箭的第二子级运抵"飞行器装配大楼"的底部，摄于1968年。

巨大的"土星五号"探月火箭的底子级直径可达33英尺，即使是"超级大肚鱼"运输机也无法携带，因此这类尺寸如此巨大的部组件就必须用驳船来运输。"土星五号"的第二子级，如同道格拉斯公司在加利福尼亚州亨廷顿海滩制造的"土星四号"运载火箭，通过驳船先被运送到墨西哥海岸，再通过巴拿马运河，然后到达密西西比河。在密西西比测试工厂（现在更名为斯坦尼斯航天中心），火箭子级被吊装固定好后，就在位于沼泽荒原中的巨大试车场上进行点火试验。经试车通过合格后，这些火箭子级又被沿着河流南下运送，回到墨西哥湾，穿过基斯群岛，沿佛罗里达州东海岸最终到达卡纳维拉尔口岸。从口岸这里，有一条运河直通肯尼迪航天中心的核心地带，几乎一直延伸到飞行器装配大楼最底部的一个回转流域，驳船就是在那里卸下巨大的货物。

如今，一些较小的、执行非载人任务的运载火箭也采用类似上述的水路运输方式。波音公司的新型"德尔塔Ⅳ"运载火箭，就是通过一艘特别设计的"德尔塔水手号"货船运抵卡纳维拉尔角的。"德尔塔水手号"货船将"德尔塔Ⅳ"运载火箭的模块化组件，从位于亚拉巴马州迪凯特的施工场地，沿着田纳西河顺流而下运抵卡纳维拉尔角。这艘312英尺长的"德尔塔水手号"货船于2000年服役，是一艘混合动力内河船/远洋船，在公海上能够以15节速度航行，但在浅水运河和河流中航行速度只能达到9英尺/小时。

飞行器装配大楼

一旦火箭部件到达发射区域，就需要对它们进行组装和检查。卡纳维拉尔角早期的飞行器装配大楼被称作"字母机库"，因每个机库都有一个对应的字母代表其名字。这些机库大多是按照标准设计建造的，一个接一个地建在卡纳维拉尔角的一个足够大的工业园区里。这些通用设计的飞行器装配大楼提供了测试和检验设施、起重机、增压气体和任何其他必要的设备。在"水星计划"期间，这些机库曾为那些将要驾驶太空舱的宇航员或者将要搭乘的猿类，提供太空舱检测和睡眠营房。后来，随着火箭变得越来越

→ 发现号航天飞机与外储箱完成对接，坐落在移动发射平台上，正准备从飞行器装配大楼移动至 39B 发射台，摄于 2005 年。

↑ 在飞行器装配大楼内部，登月舱的整流罩正被吊装至核定位置，摄于1967年。

复杂，相应的需求也越来越复杂、多样化，不同的机库针对不同的火箭，装满了相应的特殊专用设备。

　　在"阿波罗"计划期间，火箭变得如此之大，以至于再也不可能把它们放进旧的"字母机库"中。人们不得不在发射台上组装土星系列运载火箭，这意味着在组装和检查期间，火箭要暴露在腐蚀性的大气中几个月。为了适应终极火箭——土星五号，一个被称为"终极火箭库房"的特殊飞行器装配大楼拔地而起，高耸于肯尼迪航天中心的飞行器装配大楼。在这座巨大的建筑里，额定起重量250吨的大吨位吊车将探月火箭的一级吊装在另一级上，并将它们连接在一起。

　　如今，飞行器装配大楼吊装车操作员需要将航天飞机轨道飞行器从地面的水平状态拉起，小心地将它们旋转为垂直状态，以便与助推外储箱对接。飞行器装配大楼是"阿波罗"计划中最雄伟的陆上纪念碑，直至今日，它仍然是肯尼迪航天中心操作的重要组成部分。美国空军在其"泰坦Ⅲ"火箭的40/41号发射台上，建造了缩小版的垂直飞行器装配大楼，即垂直一体化装配大楼（简称VIB）。

运输

　　当年早期时候，在卡纳维拉尔角发射的V-2火箭是由

↑39B 号发射台的导流槽，长 490 英尺，高 40 英尺，位于发射台之上的是"哥伦比亚"航天飞机，摄于 1999 年。

专用卡车运送到发射地点的，这些专用卡车使用液压将火箭吊起至垂直状态，然后将它们垂直放在发射台上。"双子星座"火箭被分成子段，装载在拖车上运抵发射台，再在发射台上完成吊装组合。土星—B 系列运载火箭也是由拖车运抵发射台。到运输土星五号运载火箭时，每一个火箭子级勉强能够由大型拖车完成运输，但装配在一起后的整个火箭巨大得超乎常人想象。为了运输异常巨大的土星五号运载火箭，双体航天器履带运输车应运而生，途经一条专用的慢速通道，能够将土星五号运载火箭从飞行器装配大楼运抵发射台。较小的火箭可以通过铁路运输，就像"泰坦Ⅲ"火箭那样，将组装好的火箭从装配大楼，经过一段连续的铁路轨道，运抵 40/41 号发射台。

发射台

每一枚火箭都需要一个专门为其需要而建造的发射台。这就是为什么在卡纳维拉尔角有这么多不同的发射台。每个发射台都必须配备特殊的装置，在点火发射前为火箭加注燃料以及提供适当的支撑，在点火发射时导流火箭发射时的喷射气流。发射台有许多不同的形式，但它们都有相似的用途。

火箭需要被牢牢地固定在发射台上。通常情况下，这需要在火箭底部安装一些固定装置，以便于将火箭固定在发射台基座上方，同时又会留出一定的空间，以便火箭发动机喷嘴能够有足够空间被自由悬挂。在火箭起飞时，这些固定螺栓会被切断，但点火起飞之前，这些固定螺栓会将火箭牢牢地固定在原地，直到发动机达到最大推力。在发射任务准备过程中，这些螺栓还可以防止强风将火箭吹翻。

动力、推进剂和监视器的连接线路必须通过管道联通到发射台，而这些线路管道通常被置于地下，以进行保护。液化气体的温度低至零下几百度，会导致普通的管道收缩以至破裂，所以需要特殊的管道来输送液氧和液氢等外来液体。卡纳维拉尔角的工程师通常使用双层夹套不锈钢管来解决这一问题，管壁之间会被抽至真空状态，近乎不留

下任何气体，其压力接近真空——标准大气压的1/76——能够提供良好的绝缘效果。

　　燃料和与之混合的氧化剂被统称为推进剂。两者的供应品都存放于现场的大罐中，这些大罐一般位于发射场区的最边缘处，以最大限度地减少爆炸的潜在风险。在推进剂加注之前，需要用干燥的惰性气体（如压缩氮气）对管路系统进行净化，以吹除管道或油箱中的多余物质。储存这些惰性气体的储罐，就位于曾经执行过"阿波罗"任务、如今被用来发射航天飞机的发射台的一侧。

脐带塔

　　火箭被放置在发射台上时，内部是空置的状态，在发射前需要进行推进剂加注工作。所谓脐带塔，其实是一个脚手架，能够用来撑扶各种任务所需的柔性管路，以便这些管路通过脐带塔连接火箭，完成推进剂的加注。脐带塔除了能够完成推进剂加注外，还能支持将其他液体和压缩气体注入火箭、给油箱增压、给陀螺仪和其他系统供电等工作。附着于塔上的电缆能够为工程监视器提供电源和校

↑航天飞机的脐带塔连接臂通过一个位于其末端的白色房间与"发现号"航天飞机相连，宇航员也是在这个白色房间里，由任务收尾工作人员完成发射前最后的检查，摄于2005年。

↑ 在"阿波罗12号"测试期间的发射控制中心2号发射室，摄于1969年。

→ 休斯敦任务控制中心指挥"发现"航天飞机与国际空间站对接场景，摄于2005年。

验连接。

　　脐带塔的连接必须保持到临发射前，但在发射那一刻，必须要完美地断开。这对于发射 V-2 系列火箭来说不是什么难题，因为连接缆绳能够随着火箭的发射升空而被轻易扯断。但是对于巨大的"土星五号"探月运载火箭来说，与其连接的脐带塔臂，巨大到能容得下一辆汽车从中穿过，需要强大的电气冲击才能够完成脱插并及时摆开，以便探月火箭能够顺利发射升空。脐带塔通常直接暴露在发射冲击波的力量下，发射产生的冲击波会像地震一样震动脐带塔整体结构。虽然内置的消防水管淋水系统可以在一定程度上减少发射冲击波造成的破坏，但即便如此，每次如此猛烈的发射之后，都要对发射塔进行翻新。连接器、柔性管路和输送管道都必须及时得到检查、清理或更换。

吊架

　　火箭一旦安装在脐带塔支架上，就需要进行彻底的总装检查工作。技术人员需要接近火箭的几乎每一个部件进行测试、维护和修理，这就通常需要除脐带塔以外的另一个装置，也就是被卡纳维拉尔角工作人员称为龙门吊架的装置。卡纳维拉尔角的第一个吊架是由油漆工的脚手架改造而来的，当时用来保障 Bumper 8 的发射。最大的吊架是为保障"土星五号"而建造的服务吊架，它太大了，必须由携带探月火箭到发射台的巨大履带拖车才能把它运抵合适的位置。当技术人员完成工作，火箭也准备好发射时，服务吊架将会从发射爆炸的方向被收回，以保护它免受损坏。

白色房间

　　在安装和检验过程中，位于火箭顶部的航天器需要特殊的保护，以避免受卡纳维拉尔角潮湿的天气影响。如果没有气候保护控制，价值数百万美元的载荷设备就可能会因暴露在潮湿的空气中而毁于一旦。一个白色的房间就提供了这种保护，将航天器包裹在吊架顶部的一个特殊的封

↗ 最终检查组成员在完成航
天飞机外部燃料箱检查
后，从 39B 发射台撤离
场景，摄于 2005 年。

闭空间里。

　　第一个白色房间是在"水星计划"早期阶段临时搭建
的，两名发射台工作人员为采取主动措施，在敞开的吊架
上系了塑料布，以保护"水星"宇宙飞船不受水气损害。
主管库尔特·德布斯的运营团队得知这个信息后，很快就
把吊架的上半部分，用半透明的面板蒙皮更为专业地封闭
起来。这就是白色房间的起源，它已经成为火箭吊架的一
个标志性特征。所有宇航员都是从一个作为地球和太空之
间最后一道门槛的白色房间开始他们的旅程的。

导流槽

　　当火箭发动机点火时，尾焰必须偏转到其他方向。如
果一枚火箭是在一个平板上发射的，尾焰可能会直接反弹
回发动机，摧毁火箭。因此，每一枚大型火箭的下方都有
某种导流槽，可以将发射尾焰引流到两侧。通常重型火箭
的发射台上会安装巨大的尾焰偏转器，将尾焰引流至一条
内衬防火砖的特殊战壕内。尾焰偏转器暴露在点火发射的
全部能量冲击下，所以它必须建造得非常坚固。"土星五

号"火箭使用的尾焰偏转器有42英尺高，尽管表面覆盖着火山混凝土，但每次发射时，火箭爆炸带来的冲击仍然会撕裂掉四分之三英寸[①]。

发射控制中心

每个发射台都需要一个控制中心。多年来，控制中心从最初保障Bumper 8发射时的防水油布棚形式，经历了多种演化。1950年，为保障"云雀"导弹首次发射，研究小组躲在一辆备用的陆军坦克内进行操作。发射"斗牛士"导弹的人员则用沙袋掩体凑合。当年为"红石"系列导弹发射台配备的牢固的发射管制台，被改造成一排圆顶保护下的、两层楼建筑的通信和控制台等设施设备，这些设施设备成功地支撑了"亚特兰蒂斯"洲际导弹和早期的"土星"系列运载火箭的发射任务。最终建成的发射控制中心（LCC）位于总装测试大楼（飞行器装配大楼，为"阿波罗"计划而建造，今天仍然用于航天飞机等发射任务）旁边，是一幢低矮的黑白相间的建筑，这体现了有史以来最好的和最鼓舞人心的建筑概念。

"红石"导弹任务发射控制台距离火箭如此之近，以至于需要加装厚厚的装甲窗户，以保障安全地直接观察发射台。在"亚特兰蒂斯"和"土星"系列任务的圆顶发射控制台内，发射控制指挥官通过类似潜艇内使用的潜望镜，去观察火箭的点火起飞。随着电子技术的发展，发射控制中心具备了能够在一定安全距离之外地方选址的技术条件，正是因为如此，"阿波罗"任务发射控制中心就选在距离发射台3英里之外的地方，即便"土星五号"运载火箭可能带来最严重的灾难，这样足够的安全距离也能够使得发射控制中心免遭影响，所以建筑设计师们可以自由地发挥，使之既美观又实用，而不是一个昏暗的小圆顶屋，正如如今美国航空航天局的发射控制中心看上去"就像未来应该有的样子"。

发射控制中心是一系列复杂发射任务中的最后一个环节，当它完成使命时，火箭就已顺利起飞升空。

---

① 1英寸=0.025 4米。——译者注

航天飞行地面指挥控制中心

在火箭飞行过程中对其进行的监测和控制，与发射火箭时的控制操作完全是两码事，通常需要额外的人员队伍在独立的测控大楼内完成。测控大楼内的信息来源于由地面雷达和通信站组成的航天测控跟踪网络，地面测控跟踪网络会覆盖火箭起飞后的飞行航区。

在执行"水星"计划任务时，航天飞行地面指挥控制中心和发射控制中心都在卡纳维拉尔角。随着计算机技术的日益成熟，航天飞行地面指挥控制系统可以在任何地方建立起来，并通过通信网络与火箭相连。在"双子星座"首发任务之后，航天飞行地面指挥控制中心就搬到了休斯敦，从那以后，指挥控制中心便一直在休斯敦指挥美国所有的载人航天任务。至于其他火箭发射任务，比如无人的"亚特兰蒂斯"航天飞机，仍然由位于卡纳维拉尔角的任务指挥控制中心安排工作。

最后，前述所有的这些航天发射设施之所以能够有效运行，更多地依赖于看不见的电力网、通信网、指挥网、仪表网和控制线等。美国陆军工程兵团，以及承包商、军事人员和美国宇航局的工程师，从一开始就在卡纳维拉尔角做着艰苦的基础工作，使我们探索星空成了可能。

→ "发现"航天飞机沿着慢速专用路，以4迈①的速度运抵39B发射台的过程中。

_____

① 1迈=1.609 344千米/时。——译者注

第二章

通往卡纳维拉尔角之路

1949年5月11日，美国时任总统杜鲁门签署了一项法案，开启建造联合远程试验场，多年来，这些设施有着各种各样的名称，但它们最终以最为经典的"卡纳维拉尔角"的名字载入航天史册。

原型设计

第二次世界大战期间德国在火箭方面的技术发展令世人震惊，即使是该领域的专家也感到意外。当太空科普作家威利·利在1944年出版的《火箭》一书中暗示德国人可能在火箭科学方面领先于世界其他国家时，美国隐居的火箭科学家罗伯特·戈达德勃然大怒。1944年6月10日，戈达德给一位书评家写了一封信，驳斥了有人能超越他的观点，他与他的团队在新墨西哥州罗斯威尔市的沙漠里制造了独立而秘密的杰作——一枚442磅①重的火箭，有17次飞行高度超过了1 000英尺，这在戈达德看来同样不可超越。但就在戈达德写这封信的时候，韦纳尔·冯·布劳恩正在波罗的海沿岸一个叫作佩尼蒙德的秘密岛屿，指挥着一个由6 000人组成的小组开展秘密研究。就在戈达德写完信的三个月后，第一枚V-2导弹落在了英国。这个12吨重的超声速怪物从50英里的高空俯冲而下，携带着一个1吨重的弹头，重量是戈达德整个火箭的四倍之多。

← 白沙导弹试验场，为保障成功发射 V-2导弹做着准备工作，摄于 1946年。

←← 一枚红石弹道导弹在白沙导弹试验场正在进行阵地吊装工作，摄于 1958年。

①　1磅=0.453 592 37千克。——译者注

火箭的前沿技术一直保持在第三帝国，直到1945年2月，德国的大部分火箭科学家在奥地利边境附近向美军自愿投降，这标志着尖端的火箭技术自此从德国引进到美国。冯·布劳恩不仅高兴地向美国提供了500名左右的工作人员，包括他手下许多最优秀的科学家和工程师，还随着队伍走私来了令人震惊的300箱用车装载的设计手稿、设备、仪器和V-2火箭组件等。这些东西被费力地藏在靠近南线的一个矿井里和其他秘密地点，一辆偷来的火车和伪造的搬迁命令被用来将这些东西走私出去，同时躲避纳粹党卫军的查处。纳粹已经下令销毁有关V-2的所有资料，必要时还可以将相关工程师灭口，以防落入敌人之手。在如此严苛的条件下，美军居然得到如此重要的材料，他们简直不敢相信自己的运气。

　　冯·布劳恩曾一度被纳粹盖世太保逮捕，因为他毫不掩饰自己对太空（而不是战争）的热爱。由于被指控将军队资源用于太空探索，而不是专注于武器开发，这位火箭策划者不得不求助于在高层的朋友，在朋友的干预下他才被释放。在1945年那段绝望的日子里，第三帝国的末日近在眼前。冯·布劳恩曾对他的团队说过："我们该向谁投降呢？"自愿把自己交给一个或另一个派别可能会使他的队伍团结在一起，并允许他们继续一起工作。除了冷酷无情的俄罗斯人、心怀怨恨的法国人和贫穷的英国人之外，美国人可能是最有吸引力的选择，并且美国强大的经济将为他们的研究提供进一步的资金支持。

　　根据媒体报道和后来的一些历史记载，这些令人难以置信的战争奖励——火箭和火箭专家们，被描述为被成功地"抓捕"并海运回了美国。冯·布劳恩知道，他那凭借来之不易的经验和专业知识的团队，甚至比他在当时纳粹封锁风险下提供的材料更重要。因为他和他的团队，不仅能授人以鱼，还能授人以渔。

"沃纳·冯·布劳恩"公式

　　冯·布劳恩是一位英俊潇洒、富有魅力的领袖，是具有远见卓识的天才。他对火箭技术如此痴迷，以至于当他的一些朋友和同事拒绝把他们的才能用于战争时，他同意为德国军队工作。他对太空火箭的梦想如此狂热，以至于他接受了一系列的妥协条件。他先是为资助他的纳粹军队制造武器，后来又把他的才能献

↑ 美国火箭先驱罗伯特·戈达德博士，在位于新墨西哥州罗斯韦尔的车间里，从事火箭燃烧剂注入推进泵相关工作，摄于1940年。

← 罗伯特·戈达德博士在离开马萨诸塞州沃斯特市去新墨西哥从事他的实验项目之前，在克拉克大学教授物理学的情景，摄于1924年。

→ 冯·布劳恩和一群德国火箭先驱们，正在测试赫尔曼·奥伯斯早期的液体火箭发动机，摄于1930年德国。

给德国以前的敌人美军。世界超级大国要想在太空探索上大手笔地开展工作可能还需再酝酿一段时间。冯·布劳恩为那一刻时刻准备着，一旦条件成熟便发挥他独特的能力和远见卓识的领导才能。一切都始于爱好。

一群年轻的业余爱好者在1931年组织成立了德国火箭研究中心，他们雄心勃勃地在柏林成立了一个名为VfR(太空旅行协会)的俱乐部。俱乐部成员制作并发射了模型火箭，演示验证了他们的俱乐部主席、罗马尼亚理论家、火箭推广者赫尔曼·奥伯斯提出的火箭原理。俱乐部租用了一个废弃的军火库作为实验场地，在会费的支持下，他们取得了一定的进展。

然而，太空旅行协会俱乐部由于日益增长的火箭试验的复杂度和为了提高成功率，很快就耗尽了空间和资金等各种资源。随着试验条件大萧条的到来，军队很快成了唯一一家能够支撑他们可持续发展的支持者，于是到了第二年，俱乐部的主要成员便与德国军队签订了协议，这也标志着沃纳·冯·布劳恩迈出了进军更广阔世界的第一步。

1932年，冯·布劳恩第一次为军队进行的火箭演示虽然失败了，但他仍然给军事观察员们留下了深刻的印象。他有能力激励他人，领导一支高效的团队，并能在对详细数据的全面深入了解和对全局的广泛理解之间取得平衡。开创火箭研制这样一个新领域需要一个能将扎实的工程才能与远见结合起来的人——显而易见，冯·布劳恩就是这样一个百里挑一的人。负责火箭开发行动的指挥官是炮兵上尉、后来的少将沃尔特·多恩伯格。他是一名职业军人，年轻的幻想家激发了他的想象力。多恩伯格选择冯·布劳恩领导陆军火箭部队。军队之所以对火箭感兴趣，是因为第一次世界大战结束时签署的《凡尔赛条约》限制了德国火炮的尺寸，但该条约对火箭只字不提。

冯·布劳恩和多恩伯格招募了一支队伍，并在柏林以南15英里的库默斯多夫的一个陆军炮兵靶场建立了最初的实验室。曾几何时，他们的点火系统简陋到甚至需要冯·布劳恩拿着一根12英尺长的点燃汽油布条的木杆，接触最新的火箭喷嘴，以进行验证，其结果要么是火箭向上发射，要么是爆炸失败。然而，就是在这样简陋的环境下，在短短几年的时间里，他们这个团队便取得了长足的进步，1937年他们从波罗的海的小格里夫斯瓦德欧伊岛发射了他们的第三代火箭，即装配3号(A3)。但在这之后，他们在资源方面就显得更为紧张了。

冯·布劳恩团队在技术方面取得的进步已经成功赢得了军方的信任和支持，现在军方愿意为他们团队提出的任何需要提供进一步的资金支持。多恩伯格已经开始着手寻找德国火箭试验场的位置，这将为最大限度地开发提供理想的环境。冯·布劳恩亲自敲定了最终的地点。就这样，随着时间的推移，一个巨大的火箭研发中心在一个叫佩内明德的小村庄外建成。

佩内明德

多恩伯格选择佩内明德作为火箭试验场的标准，与后来选择卡纳维拉尔角作为美国主要发射场的考虑因素相同。从地理位置到发射场的设计、装备和人员配备，甚至包括一些相同的人事部门设置，佩内明德发射中心在很多方面都近乎一个非常完整的卡纳维拉尔角发射中心雏形。从中我们不难看到，佩内明德发射中心对卡纳维拉尔角的发射台以及众多美国航天设施都产生了深远的影响。

佩内明德位于海岸上，水下下射距离约200英里，可以发射大型火箭，而不必担心对人或财产造成损害。火箭发射中心位于乌西多姆岛上，主要发射设施临近水域。沿着火箭发射的方向，在发射基地以东的沿海处，分布着一群岛屿，与火箭发射飞行的方向几乎平行，这为火箭的测控跟踪提供了良好的条件，在这些岛屿上，各种无线电、多普勒雷达和摄像设备可以很好地跟踪监

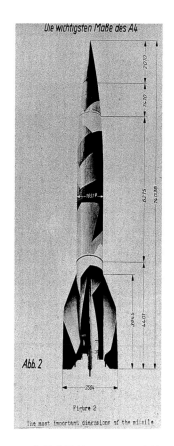

↑ 这张图片显示了V-2火箭各部件的尺寸，摄于1940年。

→ 1944年，德国库克斯港，一枚准备发射的V-2火箭。

视火箭的整个飞行路线。乌西多姆岛还拥有一片相当平坦的空地，可以容纳一个飞机跑道。最后，佩内明德还很偏远，这个地方被认为是"运动员的天堂"，森林茂密，基本上无人居住。把火箭发射场设在远离人口中心的地方既安全又保密。多恩伯格对选址佩内明德的每一项标准，最终都被选址卡纳维拉尔角时所采用。

众多的火箭设施将佩内明德村变成了一个如城市般大小的工厂。房屋、宿舍、车间、实验室和发电厂全部聚集在一起，冯·布劳恩能够全神贯注地钻研技术，心无旁骛地利用必要的设施设备，来保障在恶劣的自然环境中火箭研发工作能够成功顺利推进。在佩内明德村的最北端，Ⅶ火箭测试台便坐落于此，这里孕育了强大的新型火箭。

一个工厂式的总装测试大楼容纳了导弹及其建造所需的各种部件，同时，繁重的精密系统检查和再确认等工作也在这里完成。当导弹最终具备测试发射条件时，它会被垂直地安装在一个静态测试塔中，这个测试塔会包裹住火箭的头部，下面的尾翼部分则暴露在外。整个测试塔将会从总装测试大楼里被推出，在波罗的海海岸的冷空气中，沿着专用铁路轨道运输一小段距离，转运至测试站点。测试站点是一个四周环绕着一圈土墙的椭圆形区域，外围的土墙用现场挖掘出来的碎片堆砌而成。椭圆形竞技场般的外围墙壁，为火箭抵御波罗的海的海风提供了良好的保护，同时也有助于控制发射台爆炸后可能产生的灾难性后果。静态测试塔最终会被运抵导流槽上方。导流槽是为了能够安全承受火箭点火喷射所产生的巨大能量而建的一个大通道，这种设置与今天在卡纳维拉尔角所使用的类似。

A4火箭的发射尝试：为了火箭团队孤注一掷

1942年10月，冯·布劳恩的庞大组织已经生产出一种可以发射飞行的A4火箭，希特勒的宣传人员后来将这种火箭命名为复仇武器2号，即大名鼎鼎的V-2火箭。1942年10月3日，V-2火箭被安置在位于Ⅶ测试站点中心的一个小型发射点位上，火箭的周身被一个盒子状的塔包裹着，这个塔能够面向火箭提供不同高度层级的测试工作平台。龙门吊架为了免遭波罗的海的寒冷而被封闭，推进系统工

↑虽然V-2火箭的诞生为后来太空探索奠定了良好基础，但最初V-2却是作为一款致命武器进行研发的。1945年3月8日，一枚V-2导弹袭击了伦敦史密斯菲尔德市场，造成110人死亡，300多人受伤。

程师康拉德·丹嫩伯格将波罗的海的寒冷描述为"九个月的冬季和三个月的无夏"。火箭里填满了酒精燃料以及过氧化氢，用来驱动发动机。在准备工作接近尾声时，将会加注低温液氧。尽管低温液氧储箱周围被玻璃和羊毛等绝缘材料包裹着，但受超冷液化气体的影响，火箭外壳处仍然会很快凝结一层冰霜。最后，龙门吊架会通过铁轨被运开，以避开即将到来的点火发射所带来的冲击。同时，发射相关人员也都要撤离该发射区域。操作组员们，包括抽着烟斗的火箭发动机研发负责人沃尔特·泰尔，都将在埋于土坡内的小型控制掩体中操作他们的仪器。冯·布劳恩、多恩伯格和其他一些人则远远地站在附近的建筑物上观看这次发射活动。

火箭被漆成高对比度的黑色和白色，以保证它在光学可视范围内跟踪和拍摄的最大能见度。冯·布劳恩的团队在"阿波罗"登月任务期间，制造的火箭上也会采用同样的漆色方案，但这次A-4火箭的发射任务，将会是人类历史上第一次发射且能够成功飞行的大型火箭。A-4火箭矗

太空之门：肯尼迪航天中心

立在一个几乎有5英尺高、7英尺见方的塔架上。这个塔架是围绕着一个金属金字塔状的引流装置而建造的，这个金字塔状的引流装置可以将火箭的尾焰向旁边引导，以防反弹回发动机喷嘴内部。火箭旁边的一根摆杆上配置着控制脱插挂钩和电力电缆等的设备，在火箭发射前为其提供所需的电力能源，以最大限度节约火箭上的电池能量，直到射前的最后一秒，箭载电力系统才会启动。截至目前，漫长而有条不紊的倒计时测试工作已经顺利通过了所有的操作和检查，如果一切顺利，随即而来的那三个倒序计数，将会开启A-4火箭历史性的发射瞬间！

发射点位上的原型火箭是用欧洲最先进的技术和最精密的制造技术建成的，但唯一能分析点火过程中瞬间变化情况的"仪器"却是一个叫作赫尔穆特·佐伊克的人，他能够判断任务是否有条件推进到下一个阶段。佐伊克是康拉德·丹嫩贝格领导的A-4推进系统研发小组的负责人，他也是负责静态测试的测试指挥，决定着最终能否发射。在最后的几分钟里，佐伊克凭借自己的眼睛和他在第七试验台进行静态发射测试所积累的经验，指挥这枚运载火箭发射或在地面熄火。

"3……2……1……"佐伊克为点火喊着倒计时，"突然冒出一道火光"！一个"圣诞树"状的东西在火箭发动机里突然燃烧起来。这个所谓的"圣诞树"是一个旋转信号点火启动器，点火器将点燃从上面的燃料储箱正排到燃烧室里的推进剂燃料。这个过程期间，如果推进剂燃料流动过程受阻，那么发射团队将只能从点火器那里看到"火花"一闪而过，但不会随之产生火焰。如果推进剂燃料流动正常，那么"圣诞树"正常开始工作后的场景是：火箭在发射点位上，尾部喷射出燃烧火焰。但此时，火箭还没有离开发射点位，刚才所描述的"点火"还只是火箭预点火过程，即只是用一种低能量点火表象来证明发动机处于工作状态。佐伊克会通过潜望镜来观察这一过程，并在接下来的十秒钟内确定这一预点火过程燃烧是否稳定。火焰的颜色能够表明推进剂的组合配比是否正确。火焰的烈度和稳定性能够使佐伊克确认管路系统工作正常，且推进剂燃料流动顺畅无阻、点火充分均匀。如果佐伊克认为他所观察到的现象与他的预期不符，他会取消发射。但是彼时，那个明亮的、橘黄色的火焰看起来很好。佐伊克和他的团队们有了一个成功的预点火。"预备！"佐伊克宣布，这是"准备发射"的命令，标志着任务即将发射。

这次发射远不只是一个悬而不决的实验，对相关人员来说，

→ 沃尔特·多恩伯格将军
(左)祝贺佩内明德火箭团
队成员成功完成了A-4火
箭的测试飞行。冯·布劳
恩博士位于最后一排左
二，摄于1942年。

它是一个生死攸关的命题。此前的两次 A-4 火箭发射都失败了，第一次，火箭侧翻进入不到一英里外的波罗的海，第二次，火箭则在 7 英里的高空爆炸。用于火箭研发的开支高达惊人的 30 亿美元，这笔巨额开销原本可以花在有价值的实用防御和重要的装甲师武装方面，但如此巨大的花销却只带来了两次失败的试验，德军高层逐渐对冯·布劳恩的火箭研发"游戏"失去了耐心。其结果是，冯·布劳恩的团队被告知，如果这次 A-4 火箭试验再失败，那么这一项目将被关闭，这支队伍也将被解散，并被发配至俄罗斯前线。这就是纳粹德国进入战争三年后的情形，这种警告威胁通常带有严重的问责定罪意味。

因此，这样严峻的形势就要求测试指挥官的每一项决定都必须是完美的。佐伊克在柏林附近的库默斯多夫基地从事了三年与火箭相关的工作，在这里的 VII 测试台又从事了四年与发动机相关的工作。他的职位反映了人们对他的极大信任。在火箭测试指挥的关键时刻，他的判断和感知是权威而毋庸置疑的。这就是火箭科学的本质：如此巨额的财富和成千上万人的巨大努力，归根结底体现为一次载入史册的决策。

佐伊克孤注一掷，向发射站台发出命令"发射"！位于发射台处佐伊克的同事们接到命令后按下开关，脐带脱插，

并对火箭的涡轮泵进行引火操作。燃烧剂和液氧迅速喷涌注入发动机，就如同消防水管一样。推进混合物爆发出灼热火焰，产生汇聚的推力。位于火箭尾部的发动机喷嘴处，爆发出震耳欲聋的啸声。不出一秒钟，巨大的水柱仿佛鱼鳍一般从基座升起，从Ⅶ测试台的圆形发射基座上升了起来，起初速度很慢，但后来越来越快。看到这情景，试验指挥感到高兴和满意。这是一次真实、干净的发射。

康拉德·丹嫩伯格从100码以外的装配大楼楼顶上看到了这一幕，火箭爆炸的隆隆声震动了他的全身。这台沉重的机器正在逃脱地心引力束缚，丹嫩伯格甚至能感觉到他内心深处与此产生共鸣的洪荒之力。A-4火箭飞出了发射场和实验室，飞出了发电厂和兵营，一直飞到整个岛屿上空，在发动机中石墨控制舵片的控制下，向着东方的天空，飞入波罗的海美丽晴朗的苍穹。火箭会平安顺利地突破音障，到达令人难以置信的60英里高空，这一高度也是太空的边缘。这次发射简直就是一个奇迹，是20世纪最伟大的预兆之一。

那天，队员们欣喜若狂，喜出望外，同时又对所取得的成就充满了敬畏。在晚上的一次聚会上，沃尔特·多恩伯格提醒他的团队，还有很多艰苦的工作要做，目前他们必须专注于军事目标，制造出能够用于战争的火箭。他还指出，他们所取得的成就不亚于人类向太空迈出的第一步。没有人能准确地预见到这一发展将走向何方。当然，团队中更不会有人想到，A-4火箭的研制轨迹，会把他们中的许多人带进美国西部的沙漠。

↑ 战争结束一年多后，沃纳·冯·布劳恩博士(中)、恩斯特·施泰因霍夫博士(右)和马丁·席林博士(左)在新墨西哥州的白沙基地上，围绕V-2火箭开展相关工作，摄于1946年。

选址定位

新墨西哥州的沙漠在傍晚的天空下伸展开来，群山耸立在地平线上，就像一幅用未雕琢的石头画成的背景图。角蜥蜴和响尾蛇在龙舌兰草丛中寻找猎物，狼蛛和黑寡妇蜘蛛则在荒野中爬行。在这样的自然环境下，一个由工程师、科学家和军人组成的团队，正在做着某些准备工作。那是1947年初夏，这一组织正要发射世界上最先进的火箭，一枚重建的第二次世界大战德国V-2导弹，与两年前袭击伦敦的属于同一类导弹。在这片孤寂的土地上，在严密的安全保护下，美国军队正专心致志地研究昔日敌人的武器，不声不响、加班加点地学习和吸收未来战争的技术。

一年多来，冯·布劳恩和他的团队一直都在自愿为美国工作，在白沙导弹试验场成功试射了由德国最后一批复仇武器部件拼凑而成的导弹，耐心地教导他们的美国同事关于火箭工程的种种复杂技术细节。位于白沙导弹试验场的火箭团队，在一个改装的机库中，完成了 V-2 火箭的组装，如同他们在佩内明德的组装大楼里一样。但是许多复杂的部件还是在运输过程中损坏或者变质了，抑或在匆忙偷运来的 V-2 火箭部件的储存过程中完全丢失。在这种情况下，为了能够保证火箭一枚一枚地顺利完成，通用电气和其他美国制造商都在一边忙于制造替换的拼接器部件，一边零零星星地学习火箭工程科学知识。德美两国的研究小组对火箭的功能进行了改进，他们使用的有效载荷部分不再是用于战争的弹头战斗部，而是用于进行高空科学研究和实验推进系统测试的科学有效载荷。在那个初夏的夜晚，火箭静静仁立在发射台上，它的顶部是一个试验性冲压喷气发动机子系统，两侧伸出短的方形机翼，就像火箭鼻子上的领结。

V-2 火箭起初是被设计为一种场坪发射武器，所以它需要适度的地面支持。这枚火箭是由一辆专门制造的德国安装卡车"迈勒瓦根"拖到发射场的。先把火箭放在卡车的一个支架上，支架可以像自卸车的后部那样向上倾斜，再把火箭放在发射台上。发射台位于军方发射 1 号区域的混凝土发射台上，这是早期在美国第一个主要火箭发射设施白沙导弹试验场上布置的四个发射台之一，隐藏在地下的三英寸管道网络，作为运输系统在地下默默地运行，为火箭和发射台系统提供指挥和仪表连接。燃烧室是一种专用设备，是面向这些复杂而危险的机器的一种新型必需设施设备。军方在发射台附近建造了一座重型钢筋混凝土碉堡，以保护控制发射、维护仪器、监视通信设备以及操作发射的人员。这座建筑就像一个掩体，有 10 英尺厚的墙壁，3 扇防爆玻璃窗，顶部有一个 27 英尺厚的混凝土屋顶。这样的设计，能够承受 V-2 火箭以每小时 2 000 英里的速度俯冲下来的冲击。如果在事故中有挥发性液体泄漏出来，其屋顶的冲洗系统能够净化建筑物。

当 V-2 火箭在发射台上就位后，一架高达 63 英尺的服

→ 德国和美国科学家们正在位于新墨西哥州的白沙基地，进行 V-2 火箭试验发射前的燃料加注和各项准备工作，摄于 1946 年。

务保障用龙门吊架就会通过滑轨环绕于火箭周围。龙门吊架是环绕在火箭周围的 3 个不同高度的工作平台，能够为技术人员靠近火箭周围提供坚固支撑。龙门吊架上的三个吊车最大承重可达 15 吨重，比整个满载的 V-2 火箭还重。装备精良的龙门吊架还包括消防设备、增压空气连接装置和推进剂装卸装置，以及电气和通信连接装置等。

在巨大的火箭中装满成吨的推进剂液体燃料会带来一种奇怪的变化，这种变化至今仍存在于各大型火箭中。从工程师到宇航员，凡是近距离接触过这些庞然大物的人，都曾目睹过这种现象。为了安全和便于运输，V-2 火箭在运输时是处于干燥状态的，即不加注燃料。没有燃料加注的火箭，是一个高达 46 英尺的空罐子，其底部布满复杂的机械结构，顶部是各种精密仪器。可以说，尚未加注的火箭，不过是一个普通的无源设备，甚至只比一个丙烷存储罐灵活一点，因为火箭上面有着飞行舵翼。但当火箭被燃料、压缩机产生的高压空气和成吨的低温液氧加注填满后，其内部金属结构就会吱吱作响，软管也会发出嘘嘘的声音。整个箭体也似乎在跟着颤动。发射前的各项准备工作，就好像把 V-2 火箭变成了一种奇怪的存在，仿佛它获得生命了一样。

一架加注满燃料的 V-2 火箭相当于两个装有酒精和液氧的游泳池，两者一旦接触，燃烧所产生的能量将会变得非常厉害，在人们有效控制之下，这种剧烈的燃烧所产生的能量能将整个火箭送上 70 英里高空。但如果控制失效，抑或是有燃料泄漏或管道破裂，那么伫立在发射台上的火箭就会变成一个巨大的燃烧弹。这一情况本身就会赢得火箭周围人们的尊重和恐惧，但加注燃料后待命发射的火箭，其存在还拥有更多的意义，就像靠近狮子或眼镜蛇一样。科学的魔法变出了一种奇怪而强大的内在力量：机器里的幽灵。

失控的火箭

随着倒计时的进行，电力驱动马达慢慢地将龙门吊架推出距离发射台 500 英尺远的安全距离，只留下一条连接到火箭上的电力连接脐带。1947 年 5 月 29 日下午 7 点 35

分，改装过后的 V-2 火箭已经准备就绪，待命发射。一旦接到指令，它的引擎就将发动。起初，它会先产生少量的推力，直到碉堡里的控制系统工程师们确认引擎工作正常。随后，在他们的电子信号作用下，火箭的涡轮泵开始全力开动，爆炸产生的巨大能量冲击波经过喷嘴喷射而出，发出震耳欲聋的轰鸣。刹那间，这一庞然大物就从发射台升至空中，速度越来越快。白沙导弹试验场的地面跟踪网络很快就跟踪到火箭的上升，随即发现火箭上一个导航系统出现故障，一个陀螺仪——V-2 火箭中最灵敏、最精密的仪器之一——失灵了。这枚火箭倾斜着箭体，无规则地飞去，但不是朝北，而是朝南。

负责此次行动的美国军官哈罗德·特纳上校原本以为，当 V-2 火箭达到射程后，火箭上的电子设备就会自动切断火箭燃料的供给传输，但结果却事与愿违。随着火箭逐渐向南飞行，形势变得越来越紧张。位于碉堡中的追踪团队通过查看通信附件惊讶地发现，数据显示，V-2 火箭的运行轨迹已经越过了测试边界，正向得克萨斯州的埃尔帕索驶去。燃料充足的火箭，会比原计划动力飞行时间只有一分多钟的情况飞得更远。它呼啸着越过国境边界，进入了墨西哥领空。就这样，这个庞然大物逃走了！

V-2 火箭在华雷斯市以南一英里半处坠毁。当来自白沙导弹试验场的搜索队到达时，他们发现了一个 30 英尺深、50 英尺宽，还在冒着烟的火山口，到处散落着破碎的金属，周围是一片墓碑。失控的火箭坠落在特培亚克公墓外的山坡上，令人感到惊讶和宽慰的是，这次失利没有造成一人受伤或死亡，也没有建筑物被破坏，这简直是个奇迹。美国军方将履行所有赔偿责任，而这一国际事件也糊里糊涂地几乎没有造成什么外交影响。但有一件事实是清楚的：如果美国继续发射这么大的火箭，那么它将需要更远的射程。

从新墨西哥州到佛罗里达州

尽管白沙导弹试验场的一线队员尚未完成对那些在华雷斯撞击事件中烧焦变废的金属的清理工作，但指挥官们却对高层官员们发誓，再也不会发生疯狂的火箭失控事件。

然而，美国陆军军械办公室研发部主任霍尔格·托弗托伊上校有一个研制一枚比 V-2 火箭更加强大的新型火箭的想法。当时，陆军火箭研发团队并没有足够多的资金支持从零开始设计，同时在试验后的经济预算优先级考量中也认为火箭科学的成本是极其巨大的。在这种情况下，托弗托伊想出了一个不得已的办法，就是用他们手头的东西制造一种新型火箭。

火箭科学技术在美国的发展并不像它在德国那样，得到军方的大力支持，除了对戈达德系列实验支持之外，美国对其他方面的支持力度是有限的。众多方向中，最有前景的要数西奥多·冯·卡门和弗朗克·马利纳在加州理工学院建立的用于火箭研究的喷气推进实验室（JPL），像资助戈达德的工作一样，喷气推进实验室也是由古根汉姆基金会秘密资助的。1944 年，冯·卡门和马利纳设计了一种名为"女兵下士"的小型火箭，这是一种按照大型火箭的设想而研制的一个工作模型火箭。与设想中全尺寸的"下士"火箭相比，这个工作模型火箭又矮又瘦，因此它被戏称为"女兵下士"。白沙导弹试验场的第一个发射台就是为他们的"女兵下士"火箭建造的，而这一团队的小蒂姆火箭"启动阶段"的发射，早在两年前的 1945 年 9 月 26 日已在墨西哥的白沙导弹试验场揭幕。液体燃料的"女兵下士"火箭和它的小蒂姆固体燃料助推器合在一起有 25 英尺高，能够达到 42 英里的射空高度，这是个很好的指标，但火箭相对较小，不能携带很多仪器。

托夫托伊的想法是，他们可以把弗兰克·马利纳的"女兵下士"火箭放在 V-2 火箭上，用 46 英尺高的 V-2 火箭作为"女兵下士"火箭的启动阶段，而不是用 5 英尺高的小蒂姆助推器。一个完整的 V-2 火箭能够给"女兵下士"火箭这样的小东西一个如地狱般疯狂的推力上升段。喷气推进实验室负责设计"女兵下士"V-2 火箭的集成系统，道格拉斯飞机制造商负责建造。

托夫托伊的想法取得了成效。到 1949 年，他们克服种种困难，成功发射了"保险杠"5 号火箭。这次发射取得了巨大的成功，这枚矮小的"女兵下士"火箭被发射到 248 英里外的高空，完全进入了真空空间，真的做到从雷达上消失。人们甚至要过一年才能在野外找到这枚火箭的残骸。

考虑到白沙导弹试验场允许的导弹射程只有125英里，因此248英里是一个令人印象特别深刻的数字。展望未来，"保险杠7号"和"保险杠8号"火箭有特别长的、扁平的飞行轨迹，如今的射程范围难以满足。"保险杠6号"火箭是在1949年4月发射的，但它是最后一枚自白沙导弹试验场发射的火箭。是时候找一个新的基地来应对下一代火箭的威力了。

联合远程试验场的选址

几个地点都曾被考虑过用来发展为火箭的"联合远程试验场"。选址的一个重要考量因素是未来试验场的东部区域是什么。因为在瞄准太空发射时，人们通常会利用地球自转的优势，朝着地球自转的方向向东发射，因为地球的自旋会让火箭在轨道速度上领先一步。评选委员会的成员出于火箭的射向路径是朝向发射场东部的考量，那些航迹方向不适合的地点就逐渐开始从候选名单中划去。得克萨斯州虽然非常渴望选址在这里，但它在航迹方向上紧挨着的是密西西比州，而南加利福尼亚州的航迹方向上又是墨西哥。

在这样的约束条件下，最有希望的地点是佛罗里达州的一个废弃的海军基地，其坐落在一个名为卡纳维拉尔角的地标上。卡纳维拉尔角原本是一个安静的捕虾和钓鱼的地方，零星分布着几个农场。该地区暗礁密布，航行十分危险，由一个1847年设立的灯塔标志着。这片棕榈原野杂乱而原始。西班牙探险家和征服者把它命名为卡纳维拉尔角，意为"手杖之角"，因为它的沼泽里长满了茂密的芦苇。

军事分析家们检查了这里。首先，也是最重要的一点，火箭的射程不会超出这里的占地空间。卡纳维拉尔角占地约1.5万英亩，你可以站在卡纳维拉尔角海岸眺望横跨大西洋的5 000英里射击场。其次，这里的地理环境与当年曾经吸引多恩伯格来到佩内明德类似：平坦的地形适合建造飞机跑道；在这片广阔的水面上，在火箭航迹飞行的下行区域，散布着多个岛屿，发射基地的跟踪站就建立在这些岛屿上；卡纳维拉尔角又是一个人口稀少的地区，但仍在现代交通可及的范围内。

选址小组于1947年在卡纳维拉尔角安定下来。1949年5月11日，杜鲁门总统签署了法案，为其建设所需的必要设施提供了依据。卡纳维拉尔角于1950年正式成为联合远程试验场。纵然多年以来，这里曾拥有过许多军事名称，但火箭发展历史中最经典的名字恰恰是最简单的称呼：卡纳维拉尔角。

卡纳维拉尔角的第一次发射

"不要停下来，否则你会陷入困境。"卡纳维拉尔角的工作人员会告诫所有试图开车前往火箭发射场的人。虽然从棕榈树丛通往第一个发射台的三条路已经差不多可以通行了，但旅客们如果不小心，仍然还是会陷进淤泥里。所有发射设备和火箭本身都是通过这些没有十足把握的路线运进发射场的。

1950年7月24日，一枚黑白相间的针形"保险杠V-2"火箭伫立在一个发射基架上，周边是100英尺宽的混凝土，这个发射台被称作3号发射台。在最初调查的四个发射台中，3号发射台是这片潮湿的沙地中海拔最高、最干燥的发射场。因此，在早期建设卡纳维拉尔角的紧张时期，3号发射台被选为第一个开工建造的。虽然当时这片基地还没有被批准为"有益的占用"，但这只是时间问题。被派去建造首个卡纳维拉尔角发射台的整支美国陆军工程兵部队全部都亲自参与了发射台的建造，也就是说，所有的3名工程兵都帮助他们的承包商混合和浇筑混凝土。早在45天前，为了建造这一发射台，路面就已被清理和平整完毕。

卡纳维拉尔角阳光普照，与佩内明德的气候大不相同，事实上，这里天气闷热潮湿，蚊虫滋生，令人烦恼。在酷热难当、空调设备匮乏、飞来飞去的吸血害虫肆虐的情况下，发射人员需要真正的奉献精神才能保持必要的注意力和精力来开展工作。

当令人煎熬的气候折磨着当地的驻军时，实际上它已经腐蚀了一枚火箭。就在几天前，"保险杠7号"火箭基本上已经损坏了，由于燃油阀被湿咸的空气所腐蚀，"保险杠7号"火箭失火了。工程师们得先花费几天时间擦洗干净，才能开展下一次试验。各路媒体也都带着怀疑的态度齐聚于此，来观察下一枚火箭——"保险杠8号"，是否能够更好地工作。

相应的配套装备不是特别令人满意。标准的V-2火箭地面配套设备是德国火箭安装用的卡车、一艘油轮用来运输液氧，以及"女兵下士"火箭专用的化学燃料存储桶。相比于白沙导弹试验场结实和精致的配套服务结构，卡纳维拉尔角这里的龙门吊架，不过是个由画家的棚架和来自奥兰多胶合板工作平台共同搭建的一个55英尺高的吊架而已。工人们为这个吊架装上脚轮，这样人们就可以在需要的时候转动它，但同时，如果有超过10名工程师爬上吊架，它就会摇晃。

卡纳维拉尔角当时的控制中心看起来就像白沙导弹试验场那个碉堡的微缩版，但这个微缩版没有27英尺厚的混凝土穹顶，而只是四分之三英寸厚的胶合板。它被固定在一个沙袋边道后面，为了增加防护，防止以弹道速度喷出的灼热金属碎片对其造成可能的伤害，胶合板上覆盖了一层焦油纸。控制中心离发射台只有300英尺的距离。文职应急官员诺里斯·C.格雷认为，这个如柠檬水摊位般的控制中心能够提供的最佳保护，可能更多是"遮荫"而已。格雷曾经在白沙导弹试验场看到过V-2火箭的弹坑，据他估计，如果火箭在升空一两秒后爆炸，如果它正好在护堤上，那么整个3号发射台将被夷为平地。为了能够从控制中心里观看火箭发射，人们需要通过浴室里的两面上下错开的镜子去观察，就好像通过孩子用的潜望镜一样。

混凝土发射台表面上看起来很普通，但其实隐藏了很多复杂的东西。地下通道将发射台下方的管道和高压空气输送到位于发射台中心的发射点位。地面上有一个内嵌系统，在火箭发射时保持喷水，以防止混凝土被尾焰喷射而脱落。发射台本身也被小心谨慎地倾斜放置着，以防水和推进剂液体的流失。格雷提出了一个想法，将不同种类的径流引导到不锈钢槽中，通向特定的收集容器，以保持地面不受各种腐蚀性液体的污染。隐藏的管道可以将电缆埋藏在地表以下。在当时的条件下，充分利用手头现有的资源是一个很好的想法。然而，卡纳维拉尔角还是没有达到白沙导弹试验场的标准，与佩内明德强大的Ⅶ号测试台相比，它显得微不足道。然而，美国人不可能让失控的火箭再坠毁在任何的墓地上，更不用说城市了，所以他们努力让这个地方尽快运转起来。

"保险杠8号"火箭呼啸着起飞，激起卡纳维拉尔角的沙子飞向四面八方。它在棕榈丛上空翱翔，然后俯身向大海飞去。它的任务是使飞行的第二阶段成功启动，并沿着水面几乎平行飞行。但不幸还是没有成功，第二阶段的飞行失败了。坠落的V-2火箭在48英里外的海上被实施自主安控措施，起爆炸毁，以确保它不会造成其他额外的损害。火箭的残骸像雨点一样落在海洋上，虽然没有造成任何伤害，但"保险杠8号"火箭也彻底完蛋了。那天晚上，发射人员组织了各种各样的聚会，但每个人的身体、精神和情感都被这段经历搞得心力交瘁，许多人只是精疲力竭地躺在床上。难以置信的努力：这就是发射火箭所需要的。这需要大胆尝试和仔细研究失败经验才能取得一点进展。在未来的岁月里，卡纳维拉尔角将会见证更多的成功和失败，但在卡纳维拉尔角永远不会看到投降和放弃。第一枚火箭已经发射升空，以后还会有更多的火箭发射升空。基石已经奠定，它将成为美国通向太空的门户。

↑ 1950 年 7 月 24 日，保险杠 V-2 火箭起
　飞时的影像，这也是第一枚在卡纳维拉
　尔角发射的导弹。

第三章

奔向天堂

火箭将把人类从固有的锁链中释放出来，这些重力锁链仍然把人类束缚在这个星球上，而火箭将会为人类打开奔向天堂之门。

挑战

在充当了"保险杠"系列火箭临时发射台三年后，卡纳维拉尔角逐渐开始看起来像一个正规合格的火箭发射场了。第一个伟大的发射综合体是一对编号5和6的发射台，是在冯·布劳恩信任的发射操作主管库尔特·德布斯博士的监督下建造而成的。冯·布劳恩的个人魅力和精力往往使他周围的人黯然失色，但库尔特·德布斯是这一团队中另一笔强大的无形资产。在他温文尔雅的举止背后，有着不为人知的才能和戏剧性经历。他下巴上的沟痕是当时很流行的击剑伤疤，是他年轻时在德国与其他剑客在精英比赛中赢得的令人自豪的印记。库尔特·德布斯处理火箭工程的技巧和精确程度，就像他曾经掌控的击剑术一样，他的专业判断完全得到了冯·布劳恩的信任。在工作中，库尔特·德布斯是一个乐于助人、礼贤下士的领导者，同时他也会要求手下有最无私的奉献和最严谨的工作态度。在他看来，美国人传统的漫不经心的态度与火箭技术的要求格格不入，他希望他的团队能非常认真地对待他们的工作——甚至仅仅做好工作都是不够的。

← 载有宇航员阿兰·谢泼德的第三枚"水星"火箭，从卡纳维拉尔角升空，摄于1961年。

←← 最初驾驶"水星"火箭的7名宇航员，从左到右依次为斯科特·卡彭特、戈登·库珀、约翰·格伦、维吉尔·格斯·格里森、沃尔特·施拉、艾伦·谢泼德和唐纳德·斯莱顿，摄于1963年。

↑ "红石"火箭发射前的准备工作。

→ 库尔特·德布斯博士和冯·布劳恩博士在12号发射台前小憩聊天的场景,摄于1962年。

1950年，朝鲜战争爆发后，美国军方要求冯·布劳恩建造一枚全新的美国火箭。现在是时候了，因为他们几乎已经用完了当年残存的那些纳粹V-2火箭。德国人（冯·布劳恩）觉得他们团队已经将近十年什么新东西都没有做了，他们很高兴终于可以再次建造一些创新的东西。现在，这支队伍驻扎在位于亚拉巴马州亨茨维尔的红石兵工厂，他们设计了一款美国版的V-2火箭，就以其发源地"红石"为之命名。

贝尔纳·泰斯曼设计了佩内明德的大型发动机试验台。火箭研发团队在亨茨维尔泰斯曼设计的新试验台上，开展"红石"火箭的静态测试工作。兵工厂能够为火炮的测试提供足够大的空间，但要测试实际发射距离为200英里的火箭，冯·布劳恩还是需要卡纳维拉尔角和其他必要的设施。当前，既然军方明确了需求，也认定"红石"火箭作为一种野战武器，那么他们的团队就不会缺钱，而且军方所提供的设施也会是一流的。这就是在一个危险的世界里，科学和战争之间的预算区别。

库尔特·德布斯被派往卡纳维拉尔角监督设计理想的火箭发射装置。5号和6号发射点位将成为卡纳维拉尔角未来所有太空发射综合体的雏形。德国人往往喜欢设计备份，所以整个发射综合体也不例外，如果拥有两个发射台，那么就算出现故障的火箭发生爆炸而损坏发射台——尽管可能会遭遇挫折，但备用发射台仍然能够保证任务按计划进行。所以每个发射综合体特意设计了两个发射台，以便两个发射台能够共用昂贵的控制设施，以免这些设施在发射台事故中被损坏。库尔特·德布斯和他的团队建造了一个掩体，虽然仍然像白沙导弹试验场的旧碉堡和佩内明德地下的小控制室一样，是为了免遭发射冲击而建造的，但这个新掩体的设施设备却比它的"原型祖先"好得多。红石兵工厂的掩体被建造得像一个加固型碉堡，拥有厚重线条和方槽加固的窗户，通过这些厚厚的装甲玻璃，能够直接观察到每个发射台的状况。掩体内部则放满了控制设备和仪器：电压表、电路选择器、计算机和终端设备的温度警示灯、体积庞大的开关板式导航计算机和盘对盘磁带机等。

一个巨大的称重装置能够告诉发射人员"红石"火箭

→ 在冯·布劳恩博士的指导下，美国陆军的一枚"红石"火箭被研制改装成弹道导弹，在卡纳维拉尔角升空发射前的场景，摄于1953年。

及其燃料的重量。如果倒计时过程中出现了小故障，工作人员必须解决这个问题，直到把这个小故障处理好。与此同时，为了防止油箱爆裂，"红石"火箭将会从一个压力释放阀排出沸腾的液氧。长时间的延误可能会耗尽氧气供应，使火箭上的液氧所剩无几，所以必须派出一辆油罐车给火箭储箱加满液氧。当掩体里的称重装置显示符合设计的正确重量时，发射人员就会穿着笨重的安全装备，在得到指示后急速地离开发射台。

在这一未来感十足、专门设计制造的控制台（就像《星际迷航》中美国企业号控制台预示的那样）中，有可拉出的微型圆柱形抽屉。今天，其中一个仍然保存着它原来的内容：烟头。在20世纪50年代的文化中，任何像火箭飞行这样紧张的活动都伴随着大量的烟雾。烟灰缸被认为是控制台的重要组成部分，它们被安置在里面，给人一种干净的未来主义感觉，就像其他东西一样。

混凝土发射台和带有火焰偏转器的小发射基座紧密呼应3号发射台上的"保险杠"火箭的简单配置状态。新的龙门吊架是一个当时最先进的设施,能允许技术人员很容易地进入火箭每个部分。它仿照一个露天的石油井架在加利福尼亚州的奥克兰建造,然后通过铁路被运到卡纳维拉尔角。在20世纪60年代,红石兵工厂的龙门吊架成为后来遍布整个海岸的卡纳维拉尔角龙门吊架的原型。

1956—1961年,5号和6号发射台,一共累计发射了近30枚"红石"导弹,冯·布劳恩的导弹凭借其稳定性能赢得了"可靠的红石"绰号。短程"红石"导弹为美国军方提供了第一枚真正意义上"战场上使用"的弹道导弹。然而,战略需求正在发生变化,在铁幕之后苏联也开展了火箭研制,其射程远远超出战场,直达太空。

雷神托尔

到1955年,有关苏联导弹发展的情报让美国领导人忧

↑ 在亚拉巴马州亨茨维尔市举行的一个特别仪式上,冯·布劳恩博士和其他102名德国科学家、工程师与他们的家人,一起宣誓成为美国国家公民的场景,摄于1955年。

心忡忡。美国当时还不具备发射中程或远程导弹的能力，又过了10年冯·布劳恩团队无所事事的时间，美国最终还是决定有必要尽快制定核导弹战略，以确保在苏联人之前抢先拥有。空军负责研制射程为1 500英里的中程导弹，但其射程非常有限，以至于发射阵地必须驻扎在英国才能对苏联构成实质性威胁。纵然目前它的威力不是非常强大，但它至少会是个替代品，作为一个更简单的系统，它可以在任何长期可替代方案之前使用。尽管射程有限，但这种导弹具备了携带一枚核弹头的能力，它以北欧雷神的名字命名为"雷神托尔"。1955年12月1日，时任美国总统艾森豪威尔授权"雷神托尔"导弹计划拥有"最高国家优先级"，并启动了航天史上最极端的应急发展计划之一。

"雷神托尔"导弹计划定义了卡纳维拉尔角的基础设施建设标准套件：字母机库M用于组装导弹，发射综合体LC-17用于准备发射。17号发射综合体将有一个掩体、一个服务塔和一对发射台A/B，继承了当年在红石兵工厂时期的配对发射台设置状态（为了防止可能的故障）。

由于参与"雷神托尔"项目的道格拉斯航空工程师有着良好的基础和开端：阿特拉斯导弹项目的一个废弃火箭发动机。道格拉斯仅用13个月的时间就在这个废弃的引擎基础上制造出"雷神"火箭，创造了历史上发展最快的火箭之一。1957年1月25日，道格拉斯团队就已经让他们第一枚可发射的"雷神"伫立在卡纳维拉尔角的17B发射台上，他们惊人的生产速度几乎使它看起来很容易。

但火箭科学可从来都不是易事。就在"雷神101号"原型机进行试验点火准备发射时，它的引擎轰鸣着发动起来，但仅仅过了几分钟，液氧阀就失灵了。"雷神101号"火箭失去了推进力，坠毁在发射台上，正好穿过发射环，爆炸了。崭新的发射台冒着浓烟，被熏得漆黑，严重受损。

而彼时，备用的A发射台距离完工还有6个月的时间。卡纳维拉尔角的工作人员别无选择，只能涉入污垢修复B发射台，以便进行另一次发射尝试。"雷神2号"火箭虽然表现良好，但5月的第三次发射尝试甚至连发射都没有成

→ 一枚搭载试验卫星的"先锋"火箭在离开发射台仅几英尺时，就爆炸成一团火球。

功。在点火前5分钟，火箭的燃料箱就破裂了，一个可怕的火球从残骸中喷涌而出，夹杂着煤油和燃烧着的垃圾。幸好那时 A 发射台已经完工，具备发射测试的条件，第四枚"雷神托尔"火箭也被制造出来，可以发射了，B 发射台就可以重新整修。但 A 发射台并没有维持多久，10月3日，第六枚"雷神托尔"火箭在升空后失败，并穿过发射环发生了爆炸，造成了又一起发射台损毁事故。

尖端的火箭工程永远是一场与不可能抗衡的战争。"雷神"的每次失败经过仔细的研究分析都能得到很有价值的经验和教训，促使该系统不断地改进完善，直到1957年底，又具备了待命执行发射的条件。

1958年，美国空军在洛杉矶以北加利福尼亚州的海岸建立了一个"雷神托尔"发射人员训练基地，该基地就是后来的范登堡空军基地。1959年，美国空军在英国部署了"雷神托尔"导弹，但"雷神托尔"的临时部署还是来得太晚了，无法与苏联 R-7 弹道导弹的首次亮相媲美。1957年10月，当射程1 500英里的"雷神托尔"雏形还在发射场起火爆炸时，R-7 火箭将一颗名为"斯普特尼克"的小卫星发射进环绕地球的太空轨道，这一举动震惊了全世界。

前锋号科学卫星

1957年12月6日，与苏联人造卫星"斯普特尼克"相对应的美国人造卫星在卡纳维拉尔角的18A发射台蓄势待发。但这并没有受到卡纳维拉尔角军事当局的欢迎，他们认为在当时紧急的导弹发展需求情况下，太空科学项目简直就是对时间和资源的严重浪费。科学家们不得不挤在一块备用的发射台上。彼时的火箭还是一个精致的、三子级的试验产品，名为"先锋"。整个载荷全部装在了这枚细长的飞行器的头部部分，以便发射进入太空轨道，装进载荷后的火箭头部看上去就像是一个带有天线的镀铬葡萄柚。

多年来，冯·布劳恩一直期望用粗糙的"红石"型火箭发射卫星，但在1955年，国防部拒绝了冯·布劳恩的人造卫星计划，而是把发射第一颗美国卫星的荣誉授予了海军研究实验室。艾森豪威尔总统对太空探索持怀疑态度，不希望毫无意义的科学冒险干扰军事导弹的发展。"先锋"火箭太弱了，没有军事应用价值。该项目原本旨在成为1957—1958年国际地球物理年的亮点，这是一个全球范围科学家共同协作的结果。但随着苏联人造卫星的意外亮相，公众的想象力却突然需要"先锋"团队能够做出对苏联的实质性反击，而这是实验性科学火箭从未计划扮演过的角色。

在12月那个重要的日子里，"先锋"火箭在飞离18A号发射台仅两秒钟后，不稳定的推力使得它又坠回发射台。美国的骄傲随着火箭的尾焰冉冉升起，却又在爆炸中化作一团浓烈翻滚的橙红色火球，而这一切都被美国国家电视台现场直播给民众。来自多子级火箭的煤油、硝酸和肼向各个方向喷发。你甚至仿佛可以听到苏联人在莫斯科的笑声，整个美国的人都垂头丧气，内心五味杂陈，脸上羞得通红。"先锋"火箭的整流罩部分和其中的卫星从下沉的机身上坠落，火箭则解体坠入火堆。美国媒体戏谑地称之为"卡普特尼克"事件。

但属于冯·布劳恩的机会终究还是会到来的。

探索者

冯·布劳恩的团队在可靠的"红石"火箭上增加了复杂的固体火箭作为上子级，创造出了"红石+"，名为"木星C"。比"雷神托尔"更强大的"木星C"火箭原计划用来发射1吨重的核弹头，射程达1 850英里。库尔特·德布斯的团队在卡纳维拉尔角为"木星C"火箭准备了一个专用发射台——就在"红石"火箭发射台旁边。由于前期已经研发了很多的火箭和导弹系统，以至于"木星"火箭发射台登记号只能标记为26号。

冯·布劳恩早就知道他们研发的"木星C"火箭有能力将一颗小卫星送入绕地轨道，但他的团队却被要求在测试阶段用沙子填满"木星C"火箭的上子级，以确保"木星C"火箭不会抢了"先锋"计划的风头，不会在其之前进入太空。苏联人造卫星率先进入太空，却给美国带来了尴尬，加之"先锋"计划失败的耻辱，终于让冯·布劳恩的团队获得了自由，可以做他们自第二次世界大战以来一直想做的事情。该团队努力工作，为"木星C"火箭的伟大使命做好了准备。为此，他们给它起了个新名字:朱诺号。

苏联的"斯普特尼克"卫星一升空，加州理工学院的喷气推进实验室就接到了为冯·布劳恩的火箭研发一颗卫星的命令——以作为"先锋"计划失败时的备用品。喷气推进实验室在84天内设计并建造了一颗31磅重的卫星。铅笔状的探测仪就像一根针一样，被固定在火箭的顶端，没有任何防护设施，也没有整流罩包裹。

1958年1月31日，"探索者1号"成功发射升空，成了美国历史上第一颗进入太空的人造卫星。卫星携带的"盖革"计数器让科学家詹姆斯·范·艾伦发现了环绕地球的辐射带，也就是现在被称为"范·艾伦"的辐射带。"探索者1号"的发射是卡纳维拉尔角的另一个里程碑，预示着将来多次太空成功发射的到来。"木星/朱诺"火箭将继续发射更多的卫星，但每个人都知道太空竞赛已经开始，人类搭乘火箭进入太空只是时间问题。

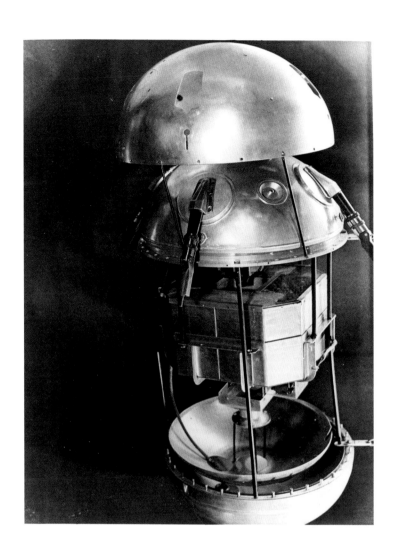

← 这张部件分解图，显示了位于苏联"斯普特尼克1"火箭内部的载荷，是第一个成功发射进入绕地轨道的物体，摄于1957年。

水星计划

如此多的火箭爆炸给卡纳维拉尔角这个海角和它的天空留下了伤痕。我们怎么可能把一个人送上这种燃烧着的毁灭工具呢?美国航空航天局选择了7个知道风险并愿意承担这份责任的人：最初7人组——美国的第一批宇航员。他们第一次乘坐的将是最坚固的火箭：冯·布劳恩可靠的"红石"火箭。虽然"红石"的能力距离发射载人火箭进入太空相去甚远，但它能够将宇航员送达地球和太空之间美丽的弧度边缘，并最终降落在距离卡纳维拉尔角几百英里之外的大西洋海域——当然如果一切工作顺利的话。

← 位于肯尼迪航天中心的"水星"计划纪念碑，
　是内嵌在象征水星天文符号中的一个阿拉伯数
　字"7"，以此纪念最初的7名宇航员。

→ 古巴总理菲德尔·卡斯特罗与苏联宇航员尤里·加加林一起步入招待会场，以表征加加林成为进入太空第一人的荣誉，摄于1961年。

↓ 苏联总理尼基塔·赫鲁晓夫(照片中第一排中间)在莫斯科举行庆祝活动，庆祝尤里·阿列克谢耶维奇·加加林作为人类先驱进入太空飞行一周年。照片中位于远处左边的就是宇航员盖尔曼·蒂托夫，站在赫鲁晓夫左手边的就是加加林，摄于1962年。

为了能够在"红石"火箭上生存，宇航员需要一个保护性的太空舱。位于圣路易斯的麦克唐纳飞行器制造公司会研发建造太空舱这一航天器，虽然太空舱从外形上看起来像导弹的锥头一样，但其内部却装载了数量空前的设备。太空舱必须能够让宇航员背靠而坐，以防其被发射时产生的巨大加速度压碎。宇宙飞船必须包含生命支持系统和广泛的仪器。太空舱的前端携带一个降落伞，以便让它完好无损地坠入海洋。太空舱所有的装备和防护装甲都必须塞进一个紧密的包裹里，而且它的重量不能超过"红石"火箭所能承载的重量。

太空舱只有几英尺宽，在舱外死亡其实离宇航员的脸只有几英寸。在发射时，太空舱外会形成超声速的气流。在突破天际即将进入太空时，致命的真空将包围着飞船。而在飞船高速返回大气层的过程中，灼热的热量又会包裹着它。所有这些都将在15分钟内从宇航员身外的几英寸处消失。这些人的工作真的是冒着生命危险。

将宇航员置于如此危险的机器中，关上舱门，点燃引信之后的观望，让整个发射台附近的人们不禁安静下来。宇航员不仅仅是人类，对许多在发射现场的工作人员来说，他们更是同事，是朋友。尽管有着精密、智慧和艰苦的工作，但当宇航员身在其中时，火箭工程仍然是极度危险的。在所有这些复杂和机械的中心那可是一颗跳动的心脏和温暖的血液，纵然那个人再勇敢、技能再高超、精神再坚强，即使出现一丁点儿的差错，也将导致其失去生命。发射现场的工作人员深知这一点，他们能切身感觉到。他们知道，他们将对其中的许多种可能性负直接责任。

安全与质量保证检查员中加入了一个现场监督小组，以监督发射场区工作人员的工作。卡纳维拉尔角的工人比以往任何时候都感受得到，现在他们就是整个流程的最后一道关卡。在他们之后不会有其他人来补救任何事情。唯一剩下的就是宇航员了，但是如果出了什么问题，他们已然无暇顾及，只会在火球中死去。

宇宙飞船不断地更新和修改。舱库里人们日夜忙碌，宇航员们在模拟探索水星的第一次任务。被选中的三个人——格斯·格里森、艾伦·谢泼德和约翰·格伦——都

↑ 美国前两批宇航员聚集一起的官方照片。就坐于第一排的是1959年选拔出的首批7名宇航员，从左到右依次为戈登·库珀、格斯·格里森、斯科特·卡彭特、沃尔特·斯基拉、约翰·格林、艾伦·谢泼德和唐纳德·斯莱顿。站在后排的是1962年选拔出的第二批宇航员，从左到右依次为：爱德华·怀特、詹姆斯·麦克迪维特、约翰·扬、艾略特·西、查尔斯·康纳德、弗兰克·博尔曼、尼尔·阿姆斯特朗、托马斯·斯塔福德和小詹姆斯·洛弗尔，摄于1963年。

为这次飞行进行了不懈的训练。在此期间，艾伦·谢泼德独自进行了大约120次模拟飞行。

1961年4月12日，人类第一次踏上了太空之旅，但这个人不是美国人。苏联宇航员尤里·加加林不仅飞上了太空，而且还完整地环绕地球飞行一圈。这一壮举格外壮观，其深远的历史意义堪比莱特兄弟的第一次飞行。加加林在"东方一号"上的航行持续了将近两个小时，之后他成功着陆，返回苏联。

标准已经设定好了，远远高于美国所能达到的水平。这次失败对那些从事太空计划的人来说简直是毁灭性的打击，但是他们除了集中精力并尽可能地努力工作外，别无他法。

直到5月2日，艾伦·谢泼德才被宣布成为美国首次载人航天任务的宇航员。自从"先锋"火箭爆炸以来，公众已经知道火箭爆炸的危险性。卡纳维拉尔角的居民对这一点更是了如指掌。当艾伦·谢泼德的火箭降落在5号发射台上时，当时在发射场区的一些工作人员其实已经目睹了上百次的灾难性失败。宇航员面对这种危险的勇敢精神使每个人都为之振奋。在美国全国的焦点卡纳维拉尔角，人们对宇航员们自愿做这种极其危险的事情而感到兴奋和敬畏。由于天气恶劣，原计划的发射已经推迟了两次。

直到1961年5月5日，各项准备工作才逐渐完成。到

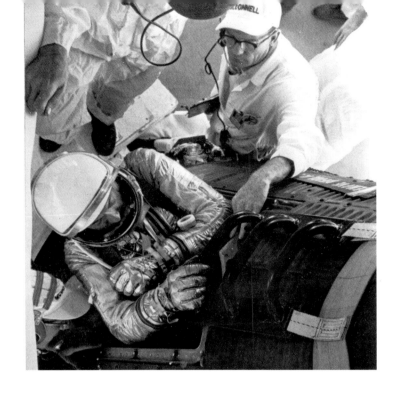

←"水星"号宇航员艾伦·谢泼德，在工作人员帮助下，进入"水星"太空舱进行飞行模拟试验，摄于1961年。

了半夜一点，他们开始往储箱里加注推进剂。一加仑①又一加仑的煤油被倒进火箭下半部分的燃料箱。液氧的温度过低，以至于一旦接触就会冻伤皮肤，液氧被加注进火箭上半部分的燃料箱。周围由于汽化而产生的氧气形成了白色的云，飘浮在发射场周围，就像女巫坩埚周围的蒸汽一般。宇宙飞船的推进器以过氧化氢为燃料，冯·布劳恩十年前曾向科利尔的读者描述过这种燃料的用途。发射场区的工作人员在黎明前就为太空舱推进器填满了过氧化氢。

一辆拖车把艾伦·谢泼德带到5号场坪。那时天还没亮。他身着银色宇航服，带着他的个人空调，就像一个太空公文包。在太空舱内的系统取代它之前，这个公文包将使裹得严严实实的宇航员保持呼吸畅通，为其提供舒适的温度。艾伦·谢泼德挥了挥手，准备继续和历史约会。

"水星"号宇航员说他自己其实不是坐在太空舱内，而更准确的是被绑在太空舱内。一进入洁净室，艾伦·谢泼德就要钻入为他量身定做的狭小空间中。这个过程就像把人装进汽车后备厢一样，只不过是在装箱时，必须十分小心地操作太空舱内的大量开关和控制装置。技术人员用绳子捆住艾伦·谢泼德，使他能够对抗即将出现的力量。氧

---

① 1 美制加仑(加仑)=3.785 411 784 升。——译者注

→ 在艾伦·谢泼德（后排中间）乘坐"自由7号"进行美国历史上首次载人亚轨道飞行试验之前，"水星计划"的所有7名宇航员聚在一起共进早餐。

气软管、通信线路、医疗仪器连接，地面工作人员将他和各种必要设备连接在一起，直到他的脉搏出现在控制面板上，就像火箭飞船的燃料压力和电荷指标一样。这种捆绑他们反复练习了多次，以致成了他们的第二本能——只不过现在绑的是他们从来没有练习过的东西——艾伦·谢泼德，他进入太空舱，即将搭乘他们发射的火箭进入太空。

德国空军前机械师、许多宇航员的朋友、发射场区团队负责人古恩特·温特最后对艾伦·谢泼德竖起了大拇指。他终于理解他的朋友将要面对的是什么。发射控制中心发出了关闭舱门的命令，技术人员用70个螺栓把舱门紧紧锁上。很快，太空舱里就没其他人了，只剩下艾伦·谢泼德一个人。他只能通过两个舷窗和一个小型潜望镜看到外面的世界。整个发射过程对他而言几乎是不可见的。服务塔顶上半透明的绿色薄膜裂开了，洁净室与太空舱分开，然后龙门吊桥也向后推开，为即将到来的火箭发射提供足够大的空间。

我忘了什么吗?许多正在从发射台周围撤离到安全区域的地面工作人员都在思索着这一问题。空气中，弥漫着强烈的责任感带来的紧张气息。

在5号发射台上方，艾伦·谢泼德正在等待最后的倒计时。这个自信十足的飞行小子为了在第一艘美国宇宙飞船的顶端获得这种与世隔绝的最高境界，要了些诡计，做

↑ 用于"水星计划"的一枚早期
"红石"火箭正在进行发射前准备
工作的场景，摄于1961年。

了些苦工，现在他终于如愿以偿了。然而，就像发射场区的其他技术人员一样，他感到责任如此明确地聚焦在他身上：这个追求完美的"超人"，强烈地希望他不是那个破坏任务的人。

那如果有些是他无法控制的事情呢?当艾伦·谢泼德被绑在狭小的太空舱里时，如果发射台着火了，怎么办?他登上火箭的那座高塔已经把他推到几百英尺以外的地方了。一个名为"樱桃采摘器"的黄色起重机，其尾部有一个逃逸篮，被放在距离太空舱非常近的地方，直到发射前的最后一刻才会被撤走。如果发射台发生火灾，工作人员可以通过远程控制将逃逸篮送至太空舱一侧。届时艾伦·谢泼德会打开舱口，解开皮带，紧急逃离太空舱，一步迈到旁边的逃逸篮里，而不至于跌至下面的混凝土台上，然后利用起重机从发射台的附件上撤离出来……只要当时可能的火灾不算太猛烈，宇航员就有足够多的时间撤离。当然这条逃生路线还远谈不上理想方案，所以作为初期的安全系统，它最多只能执行两次"水星"任务。现在能做的也就只有这些了。

如果他在空中有什么问题呢?虽然上面没有弹射座椅，但他可以连同整个太空舱一起逃离火箭。整个火箭上最重要的系统之一就是太空舱顶部针尖状的鲜红色逃生塔。在火箭推进上升阶段，"红石"火箭在他身后点火发动时，如果出了任何问题，艾伦·谢泼德或者他的自动驾驶仪抑或是地面控制人员都可以启动逃生系统。逃生塔的前鼻火箭将把艾伦·谢泼德的太空舱从"红石"火箭上拉开（其加速度可达到20个重力加速度），然后太空舱将依靠降落伞向下漂浮，直至恢复计划中的正常飞行状态，最终降落回到地面。

虽然理论上是上述流程描述的那样，但是这个系统在紧急情况下真的有用吗？1961年5月，一艘无人驾驶的"水星"太空舱搭乘阿特拉斯火箭正在进行发射测试，此时一个严重的故障发生了，已经发射进入云层中的阿特拉斯火箭爆炸了。但太空舱随之很快从云中显现出来并安全返回，这多亏了逃生塔，正如设计时期望的那样，把太空舱成功带了回来。尽管美国航空航天局已经为他们所能想象到的大灾难都做好了各项周密的计划，但是迄今为止还没有一名宇航员把所有计划都进行严格的测试，以了解是否还有未曾想象到的大灾难。

全美国的目光都聚焦在这次发射上。这将是一个考验：我们是谁？艾伦·谢泼德会告诉世人，我们到底有多勇敢；美国航空航天局会告诉世人，我们的能力到底有多强大；我们的总统会告诉世人，我们的潜力到底有多大。美利坚合众国到了接受考验的时刻。

大约350名媒体记者在卡纳维拉尔角忙着发表他们的报道。美国航空航天局和国会的一些领导人却担心，对于另一个潜在的类似"先锋"项目的过多关注，其一旦失利，只会给苏联人增添更多好处。就在艾伦·谢泼德执行发射任务的4天前，美国航空航天局局长詹姆斯·韦布发出了声明："我们必须保持这样的观点，即每一次飞行只是我们必须跨越的许多里程碑之一。有些人会在各方面完全成功，有些人会部分成功，有些人会失败。"但美国的方式是向纳税人展示他们的付出，美国航空航天局是一个民用机构，新闻报道将保持开放，不管后果如何。

艾伦·谢泼德的宇航员伙伴们都在他身边，参与了行动的每一部分。约翰·格伦和他共进早餐，并在发射前的准备工作中代替他。戈尔登·库勃和发射人员在碉堡里。德克·斯雷顿在附近的"水星"任务控制中心。瓦尔特·施艾拉则驾驶着他的F-106追踪机在空中盘旋，观察着风向，准备尽可能高地跟踪艾伦·谢泼德。

发射团队一次又一次地推迟，检查、再检查每一个细节，等待着十全十美的倒计时，因为每个人都害怕引发爆炸，那可能会要了火箭上的那个人的命。艾伦·谢泼德知道世界上是永远没有所谓完美的保证的。在通信传输设备中，他坚定地对发射团队说："让我们点燃这支蜡烛吧。"他的勇气给了整个团队信心和动力。

其中一个在控制中心内的人回忆道："一旦按下了点火按钮，油箱就需要5秒钟的时间来增压，然后，当火箭点燃的时候，我们必须再等20秒钟，等火箭积攒了足够大的推力后才能把我们发射出去"。

艾伦·谢泼德搭乘的火箭以每小时5 100英里的速度划

过天空，飞到了 115 英里的高度，与任务控制中心之间不断往复发送的通信信号证明，他尽管在火箭发射之初承受着高加速度的压力，后来又经历失重状态，但仍可以很好地操作他的飞船。经过 15 分钟左右，艾伦·谢泼德和他所搭乘的太空舱降落在距离海岸 302 英里之外的另一片海域，他和太空舱的状态都良好。

他的精神，同他的祖国一样，是卓越的。作为个体，艾伦·谢泼德是个脾气暴躁的家伙，也是个难搞的客户，但在接下来的几天里，当他讲述那 15 分钟的故事时，他的声音有时甚至会颤抖，这次飞行事件触动了他。他是人，一个有缺点的人，也像其他人一样担心搞砸事情，但他最终还是勇敢地面对了终极考验，在重压之下出色地完成了任务，在真正重要的时刻完美地完成了自己的工作。他与天堂擦肩而过。

美国航空航天局最初的计划是把宇航七人组都通过"红石"火箭送上一次太空。但现实并不允许，因为苏联的太空计划发展飞速。当美国还在庆祝第一个进入太空的人的时候，苏联总理尼基塔·赫鲁晓夫嘲笑艾伦·谢泼德的亚轨道航行，称它与加加林的轨道航行相比，不过是"跳蚤跳"一般不值得一提。这些嘲讽真正地刺痛了美国人，因为苏联人彼时在航天领域确实处在更为有利的位置。格斯·格里森从 5 号发射台出发，在 7 月搭乘"红石"火箭进

↓ 在成功驾驶"自由7号""水星"太空舱完成亚轨道飞行试验后，艾伦·谢泼德在行驶于尚普兰湖中的美国航天器运载货船甲板上奔跑的照片，摄于 1961 年。

行了近16分钟的"水星"任务，但在8月，苏联又将宇航员盖尔曼·蒂托夫送入太空，进行了持续一整天的轨道太空任务。苏联人的冷嘲热讽让美国人的尽其所能显得更为悲壮。

为了尽快赶上并缩小差距，美国航空航天局决定放弃剩下的五次亚轨道"水星-红石"飞行项目，这个项目前两次的成功发射，已经告诉了美国人需要了解的基本航天操作。格斯·格里森的"水星"任务是"红石"火箭发射台的第31次也是最后一次发射。5/6号发射综合体也完成了它们的工作，把第一批美国人送入太空。现在，美国载人航天的前沿技术可以将一些发射台搬上海岸，尽管如此，人们还是选择跳过这一步，争取以最快的速度把美国人送上真正的太空轨道。

在探险者号之后，冯·布劳恩在亨茨维尔的火箭团队开始将他们的"红石"火箭和"木星C"火箭系统开发成为一种全新的运载工具。"土星"火箭，就像土星自身的名字一样，庞大得需要数年的时间来设计和建造。幸运的是，冯·布劳恩团队不再是美国唯一的火箭研发团队了。美国的多家公司现在已经开始着手准备他们大胆的新火箭计划。强大的新型火箭在卡纳维拉尔角进入了太空飞行的聚光灯下。第一个便是阿特拉斯运载火箭。

水星-阿特拉斯任务

一个圆顶的堡垒掩体保护了现场的发射人员，使他们免受阿特拉斯运载火箭发射时可能带来的巨大冲击和风险。14号发射台附近的圆顶堡垒将作为指挥美国第一位宇航员进入轨道的重大发射指挥所，在那里所有的地面工作人员将保障宇航员进入位于阿特拉斯运载火箭顶部的"水星"太空舱。堡垒内的主楼层直径达60英尺，其上面还有一层，外围防护墙有10½英尺厚的芯层，同时外部还有40英尺宽的沙子环绕，这一切都是为了抵御并消散潜在的灾难。一个喷浆混凝土外壳又把整个堡垒罩住。当然，宇航员会坐在火箭顶端狭小的太空舱里。为了保护自己，他会戴上头盔和睾丸激素。

↑ 黑猩猩 Ham 和技术人员一起，在 Ham 的"水星号""红石"火箭发射之前进行设备状态检查的照片，摄于1961年。

↑宇航员约翰·格伦在工作
人员的帮助下，进入"水
星自由7号"太空舱，开
启他的地球轨道太空之旅
任务，摄于1962年。

　　这种新型火箭名为"阿特拉斯"，是康威尔公司为美国
空军制造的第一枚洲际弹道导弹。这是一种远程火箭，能
够携带一颗轻量的原子弹一直飞到苏联。它是由两个关键
的工程元素组成的：一个是名为洛克达因的引擎，由纳瓦
霍有翼导弹的助推引擎衍生而来；另一个是非常轻量化的
燃料储箱。康威尔公司的工程师们发现，他们可以把阿特
拉斯的燃料储箱几乎所有的结构支撑物都剥离掉，把外壁
削薄到只有一角硬币那么厚，这样就能使它比其他火箭的
燃料储箱轻很多。正因如此，显而易见，重量较轻的火箭
就可以携带更重的有效载荷飞得更远。然而，结构骨架的
移除使得燃料储箱过于脆弱，以至于火箭甚至都无法支撑
自身重量。它一旦直立放置就会被压扁，即便在发射台上
也是如此。而保持阿特拉斯火箭完好直立的唯一方法就是
对储箱进行加压：阿特拉斯火箭就像一个巨大的不锈钢气
球，只有在储箱的压力支撑下才能获得其结构的完整性。
这是个疯狂的想法，但这也无疑体现了美国人的聪明才智
和胆识。阿特拉斯火箭的性能已经超越了德国人制造的坚
固的"可靠的红石火箭"，但其代价是它只能成为一个非常

太空之门：肯尼迪航天中心

脆弱和并不那么可靠的系统。太空竞赛的激烈程度需要这种置之死地而后生的勇气和魄力。1962年，阿特拉斯火箭是美国唯一有机会将人送入太空轨道的火箭。因此，宇航员们都密切关注阿特拉斯的进展。他们训练进行到一半时，这些宇航员都纷纷来到卡纳维拉尔角，观看他们即将搭乘的新型火箭的试验。阿特拉斯火箭燃起熊熊尾焰，向着蓝色天空升起，展示了它强大的力量，甚至包括它在空中解体，变成一个壮观的火球。当火箭残骸像雨点一样洒落在海面上时，宇航员们面面相觑。十分之四的阿特拉斯火箭在发射后不久就爆炸了。所以从这点上看，我们先送猴子上去是有原因的。

美国航空航天局选择约翰·格伦驾驶第一枚载人阿特拉斯运载火箭。他面临的压力比艾伦·谢泼德的还要大。其行程范围也要大得多——不是15分钟的太空之旅，而是环绕整个地球的旅程。有了这一壮举，美国至少在目前阶段可以赶上苏联。为了做到这一点，约翰·格伦将乘坐一种代表火箭工程最前沿却并不那么稳定的火箭。这次发射可能是太空竞赛中最紧张的时刻。

1962年2月20日，约翰·格伦上校进入太空舱，一切准备就绪。发射前的程序也包括在控制人员打开开关并接通太空舱电源系统之前，所有工作人员从发射塔疏散撤离等工作。为什么要清除所有人?如果电源被错误地激活并点燃逃生火箭时，火箭可能会意外爆炸——甚至更糟。这就是约翰·格伦乘坐的那种一触即发的火箭，或者说是"炸弹"。在发射前90分钟，工作人员正要把舱门拴在约翰·格伦的座位上时，发现其中一个螺栓坏掉了。于是发射进程暂停于此并维持约40分钟，直到工作人员完成更换。在发射前35秒的时候，服务塔与友谊7号（约翰·格伦给他的飞船命的名字）脱离了。当倒计时到零时，引擎点火。银色的阿特拉斯运载火箭底部喷出绚烂的火焰，发出雷鸣般的声响震彻卡纳维拉尔角。在推力聚集4秒钟后，火箭终于脱离14号发射台，在5万名聚集在卡纳维拉尔角的观众面前，约翰·格伦搭乘火箭冲向天空。

→ 曾于1961年搭载宇航员
格斯·格里森进行过一次
16分钟亚轨道太空飞行
的原始"水星"太空舱,
从海底3英里深处被打捞
回收,整体状态非常好。
当年这个太空舱之所以会
沉入海底,是由于一个舱
盖过早地被打开抛弃,致
使舱体进水,最终沉没,
摄于1999年。

约翰·格伦的再入

　　约翰·格伦进入太空轨道的过程是安全顺利的,但在所有的担忧之后,危险并不来自阿特拉斯火箭本身,而是太空舱的隔热瓦。太空舱底部的隔热瓦是宇航员约翰·格伦在重返地球大气层时太空舱所需的防护装置。当约翰·格伦乘坐他的"水星"太空舱环绕地球飞行时,宇航员感觉不到震动和气流,因为他处在真空中。然而,真空与大气之间的再入转换是比较棘手的部分。这枚火箭会以17 500英里/小时的速度飞行,但当时没有足够强大的引擎将其减速到平缓的近乎静止的状态,以便它可以简单地利用降落伞返回地球。如果那样的话,整个太空舱将需要加装一个引擎,以产生等同于把它送入太空的反向动力,这对发射进入太空轨道的任务来说是个太大的负担。约翰·格伦的舱载引擎只能提供足够大的制动动力,使太空舱的速度降低至350英里/小时,让它的轨道下降到足够低的高度，进入稀薄的大气上层。但问题是，当它再入大气层时，其速度仍然比步枪子弹快得多。

空气在高速时拥有致命的力量。将飞机机翼从地面升起的微风，在高速时也可以像刀一样锋利，或者像工业用喷砂机那样猛烈。"等在声速下的恶魔——音障"能够像冰雹一般撕裂飞机。1947年，查克·叶格突破音障后，美国人开始谨慎地探索超声速领域——飞机的速度将比声音本身还快。我们开始用马赫数来测量速度，在海平面上，1马赫速度就相当于712英里/小时，也就是音速。而约翰·格伦搭乘的太空舱将以24马赫的速度再入大气层。空气在这个速度不仅会扯掉突出的天线或剥离舱体的油漆外衣，甚至可以刻蚀金属本身，把它熔融为液体，并顺着熔化船舱、座位，直至宇航服被熔化，最后连同宇航员自己也会被一寸一寸地焚烧掉。

原始人类会将自然界的力量，人为地划分为神力和魔力，那是一种可怕的力量，会对敢于反抗的人进行报复。古希腊人很自然地就认为那是飞船再入威胁所产生的毁灭性力量在复仇。神话故事已经讲述了在古代时期类似的发射过程及其挑战神明的代价。伊卡洛斯乘着蜡制的翅膀飞上太阳王国，然后他察觉到自己粗糙的发明在云层上方的高温下逐渐裂成碎片。这个神话放在当下，是多么神奇地预示着宇航员约翰·格伦乘坐以古代速度之神命名的太空舱进行的飞行。

"水星"太空舱任务控制台上的一盏灯亮了，表明约翰·格伦的太空舱上有一块隔热瓦松了。它告诉发射控制员约翰·格伦，他机翼上的"蜡"开始熔化。约翰·格伦曾目睹过天空的奇迹，也曾在星星的道路上驰骋，现在他将付出代价，并将其作为一个警示，告诫他身边的人，他们应该谦卑，不应挑战神明。但当时管制员并没有告诉约翰·格伦哪里出了问题，当跟踪站突然地让他检查某个开关设置时，他开始怀疑。在卡纳维拉尔角的"水星"任务控制工程师在休斯敦找到了麦克斯·费杰——太空舱的首席设计师。麦克斯·费杰同意操作小组的计划：如果隔热板夹过早地松开，也许在重返大气层时，隔热板可以通过捆绑在其上的反推力制动火箭装置保持在合适的位置。约

翰·格伦可以不按原计划丢弃这个制动套件，而是让它一直开着，在重返大气层时燃烧起来。捆扎带可能有助于在隔热板燃烧掉之前将其固定住。约翰·格伦按照美国航空航天局发出的指令重新进入大气层。他紧紧地绑在狭窄的太空舱里，惊恐地看着他以为是隔热板的发光物体碎裂，从太空舱窗外呼啸而过。约翰·格伦进入了大气层的黑障区，返回舱周围空气的电离作用使得无线电信号无法穿越，仿佛制造了一道不透水的屏障一样。另一边出现了什么东西——是约翰·格伦！他还活着！让约翰·格伦深深松了一口气的是，降落伞终于打开了，他安然无恙地飘进了大西洋。他改写了20世纪伊卡洛斯的神话。

美国举国上下一片欢腾，为这位挑战古代诸神而获胜的英雄欢呼。在纽约市为纪念约翰·格伦而举行的游行中，彩带如雨点般落下，兴高采烈的人们甚至挤上了汽车的挡风玻璃。毕竟，这些是我们所能做的活生生的象征行动。纽约以无与伦比的方式欢迎约翰·格伦回家，而约翰·格伦的"水星-阿特拉斯"之旅也使探索太空成为可能，并被共同载入史册。卡纳维拉尔角是现代世界独一无二的圣地，不仅是硬件的试验场，更是人类精神的试验场，在那里天空不再是极限。另外三名宇航员将跟随约翰·格伦的脚步，也搭乘"水星-阿特拉斯"火箭和太空舱进入太空，每一次任务都将持续更长时间，并在新的太空环境中拓展试验新的能力。斯科特·卡彭特、瓦尔特·施艾拉和戈尔登·库勃在太空中探险，卡纳维拉尔角则在地面守护他们安全返航。在戈尔登·库勃驾驶的"水星"太空舱达到设计极限、飞行时间长达34小时之后，新的宇航任务将随之开启。

← 宇航员约翰·格伦在去往美国国会参众两院联席会议上发言的途中情景，当时尽管天空下着雨，但现场仍有数千人夹道欢迎。坐在汽车后面的是他的妻子安妮和时任副总统林登·约翰逊，摄于1962年。

↑ 宇航员戈登·库珀携带便
携式空调系统前往14号发
射台，摄于1963年。

双子星座航天器

"水星"计划已经成功将第一批美国人送入太空，展示
了他们在恶劣环境下生存的基本能力。在艾伦·谢泼德
那次意义非凡的飞行后不久，约翰·肯尼迪总统让美国
成为首批对太空进行探索的国家之一，他承诺在1970年
之前让人类登上月球。美国航空航天局在面对这一系列
令人眼花缭乱的挑战时，仓促地兑现了这一承诺。"月
球探索计划"取了一个鼓舞人心的名字"阿波罗"，但
在"水星"计划的成就和实现登月的现实机会之间存在
着巨大的鸿沟。为了填补这一空缺，美国航空航天局启
动了双子星座计划。

← 宇航员埃德·怀特是第一个在太空中行走的美
国人，他用23英尺长的绳子把自己系在"双子
星座号"宇宙飞船上，并携带了一个手持式自
主机动装置在太空中行走，摄于1965年。

"双子星座"计划试图实现一系列非常具体的目标，这些里程碑式的目标将增强美国在航天领域的能力，向着让宇航员登上月球的目标坚实迈进。我们能够实现太空对接吗？宇航员可以在宇宙飞船外工作，漂浮在外太空吗？宇航员在往返月球过程中在太空中长时间飞行会不会带来严重的医疗后果？训练有素的宇航员能否精确操纵他们的飞船，并在轨道之间航行而不失去控制？飞船能否以足够的精度重新进入大气层，在回收部队的视线范围内顺利落回？

　　对"双子星座"计划来说，研发下一代航天器至关重要。新的"双子星座"飞船不仅是一个双座版本的"水星"太空舱，而且是一个更加复杂的运载工具。一个"水星"太空舱可以用它的小推进器指向不同的方向，但除了减速再入大气层外，根本无法移动。"双子星座"飞船携带了机动推进器、交会对接雷达和舱载电脑，这在当时是令人震惊的。操作雷达和电脑需要第二名船员，这就是为什么"双子星座"必须是一艘两人飞船。由燃料电池而不是短寿命电池提供动力，下一代的"双子星座"飞船将具有长时间航行的能力。对于宇航员来说，"双子星座"是一架反应灵敏的精密飞行器，一架真正的科幻式宇宙飞船。所有的这些能力和技术，加上燃料储箱和水库等设施，加在一起的结果就是重量很大。如果没有比"阿特拉斯"火箭能够提供的动力更为强大的火箭支撑，"双子星座"飞船的太空舱将无法进入太空。如果约翰·肯尼迪总统要求在最后期限前完成登月任务，那就没有时间去为"双子星座"研制专门的火箭了，但现有的货架上有一种就足够了。新的火箭计划被称为"泰坦"计划，洛克希德·马丁公司很快就研发出了"泰坦Ⅰ"火箭，它在1960年第一次进行了全面的发射试验，在"阿特拉斯"火箭投入使用时就几乎已经准备就绪。实力强大的马丁公司马不停蹄地发展了更先进和强大的"泰坦Ⅱ"火箭，并早在1962年就进行了试验飞行。在"泰坦Ⅱ"火箭中，一个带有双推力喷管的发动机驱动着一个稍大一些的一子级；二子级则进一步延长了火箭的射程。"泰坦Ⅱ"火箭的二子级要比以往任何火箭都要大，它开创并验证了在40英里的极端高度点燃液体燃料子级的技术。该系统成功后，美国最强大的弹道导弹轻而易举地达到了洲际射程，其威力足以携带多弹头。即使使用室温级化学推进剂，也可以在命令下达一分钟以内，执行发射。而"阿特拉斯"导弹不得不先被升高拉出发射井，并加注低温推进剂，再经历漫长的倒计时过程，这就给了敌人核武器对其打击的时间。

19号发射综合体和倾斜的双子星座发射塔

在卡纳维拉尔角的海岸出现了四个新的发射地点来迎接这位新的"冷战士"：15号、16号、19号和20号发射台。每一个都是一个单独的综合体，而不是两个发射台配对共享一个掩体。发射控制中心距离发射台600英尺，外形像一座40英尺厚的冰层堡垒，类似于发射"阿特拉斯"火箭所用的堡垒，但防御工事的坚固程度更高：一扇两英尺厚、重达20吨的实心钢门封住了碉堡提高了防护性，也增加了复杂度。在火箭和它的服务系统之间，需要用800英里的电缆来完成从控制掩体到发射台的连接。马丁公司的卡纳维拉尔部门，高度参照服务塔原型，建造了"泰坦"火箭发射服务台，当它不使用时，可以在基座上旋转，并放平

↓宇航员格斯·格里森(前面)和约翰·杨，通过位于运载火箭上方的"白色房间"登上他们的"双子星座3号"宇宙飞船，摄于1965年。

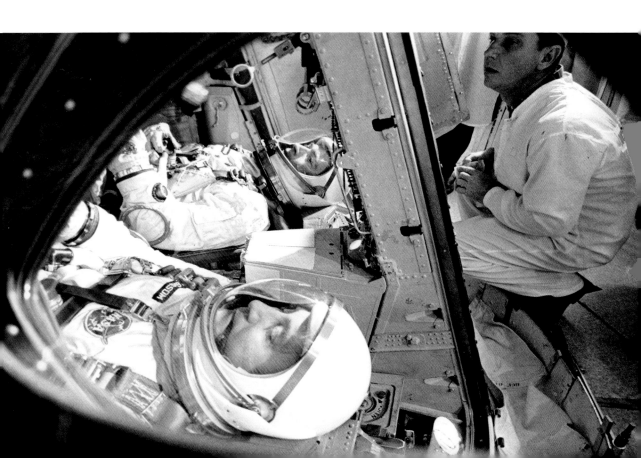

↑ "双子星座12号"火箭正矗立在发射工位上,一旁的服务塔正在向下旋转放倒,以避开火箭发射时的冲击,摄于1965年。

在地面上。之前的服务平台是在火箭周围放下铰链工作平台,然后在发射前简单地滚放到一边。相反,马丁公司此次设计的红橙色"泰坦"服务塔却划出了一道道令人印象深刻的弧线,高耸指向空中,将一枚枚火箭送入太空预定位置。服务塔起竖的这个过程看起来很奇怪,就像一座从地上坐起来的11层办公楼一样,就像佛罗里达州自己的"双子斜塔",是传统世界中的比萨斜塔在太空新时代的映像。在发射前不久,服务塔的旋转过程发生逆转,从垂直状态下降到水平状态,只有一只独立的脐带塔留在火箭旁边。"泰坦Ⅱ"火箭,是马丁公司制造的一台极好的机器。这一巨大的工程装置可以将数吨的有效载荷发射送入太空轨道,从1963年开始,美国空军将其作为美国战略核防御的新支柱。"泰坦Ⅱ"的能量也让其在美国太空计划中承担了一份新责任:被美国航空航天局改装,用以搭载"双子星座计划"的宇航员。

太空之门:肯尼迪航天中心

一个轻量级的白色房间

马丁公司的卡纳维拉尔事业部将19号发射综合体，改装成了"双子星座"计划发射台，在许多地方都安装了专门的设备，以将复杂的太空舱安装到"泰坦Ⅱ型"火箭的顶部。掩体内加装了新的电脑和系统监控器，不得不对倾斜的服务塔进行扩建以适应改装后的火箭，它比原来的火箭高出10英尺，而航天器则位于顶部。

在发射准备期间，服务塔还需要一个白色的大房间来保护太空舱。所有的这些需求都需要将服务斜塔的高度增加28英尺。在19号发射台建造的为"双子星座"计划服务的白色房间时出现了一个特殊问题，因为升降旋转服务塔的150马力绞盘只能承载现有服务塔的有限重量，马丁公司不能简单地将白色房间钉在塔顶，因为一旦需要升降旋转，这个超重的结构就会折断绷紧的绞车缆绳，或者烧坏绞车马达。

因此，马丁公司卡纳维拉尔事业部不得不在不增加任何重量的情况下，建造一个完整的四层白色房间，并增加一架五吨重的起重机和一部电梯。为此，他们砍掉了旧服务塔19英尺高的顶部，用一个几乎完全由轻质铝材制成的新扩展结构取代被砍掉的部分。工程师们对新结构的重量控制得非常严格，以致每一个铆钉的重量都要考虑在内，最后才开始建造白色房间。工程师们想尽各种办法去实现轻量化方案。甚至连通往龙门架顶部的电梯都是单轨运行，而不是双轨运行，这对那些频繁使用电梯的人来说是一个令人担忧的妥协。这样严苛要求下的结果是，新建成白色房间的重量并不比从旧服务塔上砍掉的钢材部分重多少。竣工后，改装过后的标志性建筑和以前一样能够轻而易举地探向空中。新的结构提供了一个"卷起来的车库门"装置，一旦服务塔就位，它就会从太空舱上滑下来，密封起来以控制温、湿度。当整个系统工作的时候，发射塔的工作人员必须确保他们没有在门架上留下任何东西，因为随着服务塔的90°倾斜，任何留下的东西都可能会滑出去，当塔倒下的时候消失。不过这也是最后一次使用这种旋转塔设计。

"水星"计划包含了未知的风险，"阿特拉斯"计划则面对着试验技术的风险。纵然"双子星座"计划也将继续面临风险、挑战和未知数，但日益成熟的技术和积攒下来的经验，使得美国航空航天局对掌握它的太空运输工具驾轻就熟。

为了执行载人航天任务，美国航空航天局从空军借用"泰坦Ⅱ"火箭，但需要进行较大的改装，以适应载人任务需求。为了提高安全性，火箭安装了新的故障检测系统。马丁公司煞费苦心地对部件进行冗余设计和集成，以尽可能地保证可靠性。这项工作使得"双子星座-泰坦Ⅱ"成为火箭设计的改进版本，成为勇敢的太空战士值得乘坐的战车。

在挑选执行"双子星座"飞船第一次载人任务时，美国航空航天局选择了"水星"计划中的资深宇航员格斯·格里森，让他担任指挥官。他的前一任宇航员艾伦·谢泼德因内耳平衡问题无法飞行，而他著名的继任者约翰·格伦则被白宫认为是一位宝贵的民族英雄，不值得冒险再进行一次飞行。这使得沉默寡言的印第安纳州宇航员格斯·格里森成了团队的资深成员，他将成为新的太空舱的使用者。在执行首次载人任务之前，他们已经执行过两次无人试飞，为首次载人任务做了充足的准备。

这两枚"双子星座-泰坦Ⅱ"火箭在飞行前都是在19号发射台进行了点火测试。第一步试验就是在火箭实际发射时尾焰偏转器所在的位置，引燃发动机双喷嘴。在主斜塔旁边，一个较短的斜塔复制品会将较小的火箭第二子级吊装到第二个尾焰偏转器上，这也正是按顺序测试演练的价值所在。只有经历这样严格的测试后，第二子级才会被从短的龙门塔架上撤走，并降低至水平状态，然后再插入降低后的主龙门架，最后被起吊至垂直状态，完成与第一子级的对接。

格里森的宇宙飞船是最后添加到测试堆栈中的项目。一切准备就绪后，飞船通过卡车抵达发射台底部。一台平板起重机把它托举至发射台的高度，然后把它吊到龙门吊架顶部白色房间的起重机吊钩上，一直吊至十层楼高处。在塔顶，吊车会小心翼翼地将太空舱拖进白色房间，在那里它将被缓缓放下并固定在火箭上。

← 搭载宇航员沃尔特·谢拉和托马斯·斯塔福德的"双子星座6号"火箭发射升空，将与已经在轨运行的"双子星座7号"航天器会合，摄于1965年。

1965年3月23日，一切准备就绪，新增的喷水灭火系统遍布发射尾焰喷射区域，以最大限度地减少发射尾焰对发射台的冲击伤害，随着点火发射，搭载"双子星座3号"的"泰坦Ⅱ"火箭突然展现出强大的能量。橙色的烟雾和一团团的蒸汽从19号发射台底部翻腾而出，随后格里森搭乘的太空飞船以惊人的效果起飞升空。"泰坦Ⅱ"火箭使用的是易自燃的燃料，这些化学物质彼此之间会发生剧烈的反应，甚至在没有点火器的情况下，一旦接触就会起火。这些自燃的火焰大部分都是透明的，使得格里森的火箭看上去不过是在底部点燃着的一条细长的火焰而已，并没有留下太多痕迹，因为它上升到天空中后，远远看上去就像一架直升机或一些非凡的新的反重力装置。

当时的媒体普遍认为"双子星座"计划都是美国航空航天局一家的运作结果，但实际上，它是一个多边团队努力的结果，是美国航空航天局的机组人员和宇宙飞船搭载在美国空军的火箭，并从空军的发射基地，经由一支发射队伍给发射升空的。那支发射队伍隶属于洛克希德·马丁公司卡纳维拉尔角分部。马丁公司在"双子星座"计划中承担了大量完善的火箭性能和安保方面的工作。为了能够圆满兑现对任务的承诺，马丁公司制订了一套激励计划，鼓励其一线制造工作人员以"零缺陷"为目标去努力工作，并让宇航员参与颁奖环节，以帮助一线工人认识到他们工作的重要性，以及宇航员的生命对他们的手艺工作的重要依赖程度。马丁公司认为劳动者和他们生产的部件一样重要，并对火箭制造团队的每个人着手进行培训以及开展严格的测试。任何达不到规定标准的人都要被除名。其结果，就是在整个"双子星座"计划中，研制生产出了一批优秀、可靠的"泰坦Ⅱ"火箭，并创造了一项成功率极高的航天发射记录。许多次倒计时准备及最终的点火发射都进行得完美无缺，这在火箭试验的早期阶段，真的是一项非凡的成绩。

制造"双子星座"飞船的麦克唐奈公司安排一名雇员负责在洛克希德·马丁公司制造的火箭上，看管他们的太空舱。古恩特·温特是一位严肃认真的德国空军前机械师，喜欢严格的组织和周密的计划。作为一个毫不妥协的人，

↑ 在"双子星座6号"与"双子星座7号"两个航天器之间首次交会对接任务期间，宇航员弗兰克·洛维尔和弗兰克·博尔曼在"双子星座6号"宇宙飞船中拍摄的这张照片，显示了"双子星座7号"宇宙飞船在距离地球160英里的轨道上飞行的情景，摄于1965年。

← "双子星座4号"的宇航员埃德·怀特漂浮在太空零重力空间中的照片，摄于1965年。

他也代表了美国航空航天局载人登月的"团队精神"的最好一面。古恩特·温特是人民民主联盟的领导人，负责发射塔顶部的"白色房间"，也就是龙门吊架的航天器层。为了对他的严格表示敬意，聪明的宇航员们往往会称他为"元首"。古恩特·温特和宇航员们相处得很好，也很愉快，当他带领的团队在发射当天封闭好太空舱时，每个人通常都会讲一个笑话或送上礼物。对古恩特·温特来说，在工作面前，政治变得毫无意义。他深知，宇航员的生命取决于严格的程序规范，特别是在他所在的发射台、与宇宙飞船最近距离接触的环节，他严谨认真，不会别出心裁地想当然。如果那些来自休斯敦的傲慢官员妨碍了他的工作，他就会让卡纳维拉尔角的保安们将他们请出发射场的住所处。"不要碰飞船，不要靠近舱门，确保你的口袋是空的"，这些是他对访客的最基本要求。他发现，除了某些"年轻下阶官员"，其他几乎所有人都能很好地遵照他们的要求。

尽管长时间的发射推迟，延缓了整个项目的进程，但美国航空航天局还是希望能够每月执行两次"双子星座"任务，这在当时简直就是载人航天任务中前所未有的速度。事实上，该计划最终实现了"20个月内发送20个人进入太空"的目标，这也直观反映出冷战时期的那种紧迫感。这个雄心勃勃的计划对所有相关方面提出很高的要求。

九天的周转

发射台的工作人员在火箭发射前后都有着大量的工作要做。在发射前，他们为了实现火箭发射进入太空的壮举，从燃料储箱尚未加注到发射前注满燃料以拥有足以将发射台夷为平地的能量，发射台工作人员要针对涉及的各相关系统进行准备工作，并且随着燃料的加注，风险水平逐渐上升。19号发射台的工作，从将"泰坦"火箭的两个子级分别安装在各自的斜塔上并通过试运行进行发射测试工作开始。这两个子级会在主塔进行吊装合体，并最终连同宇宙飞船一起，共同组成一个单元。针对"双子星座"太空舱–"泰坦Ⅱ"火箭的组合体，发射台的工作人员将采用大量的爆炸螺栓和烟火装置，以便在火箭上升的不同阶段，

将各个子级分开，并为助推器提供自毁能力。为了安全起见，所有的这一切工作，都必须在发射台进行——不能更早，而且必须相当小心地进行。最后，发射台和附近掩体内部的小组人员对火箭进行长时间的检查，以确保整个火箭及其所有系统都没问题。

发射后，烧焦的发射台看起来就像个灾区。虽然倾斜的服务塔可以在发射前倾斜开来，但为运载火箭补充燃料的脐带塔不得不承受火箭点火带来的冲击，并在发射过程中保持竖直状态。尽管在火箭发射期间，工作人员已经在发射塔上下都安装了消防水管，以便向发射塔喷水，但每次发射过后，仍然还是会有数千磅重的电缆被烧毁。然而，这不过只是发射火箭的一部分耗材而已。在火箭安装和发射后的清理之间，"双子星座"发射台的周转通常需要三周时间。

在格斯·格里森短暂的试飞之后，埃德·怀特在"双子星座4号"任务期间也实现了美国的第一次太空行走，紧紧跟随三月中旬苏联实现的太空行走的步伐。虽然美国仍然落后，但差距正在缩小。戈尔登·库勃的"双子星座5号"太空舱在太空轨道上停留了近8天，测试了将用于空间交会的飞船机动技术。

↑首次太空交会对接过程中，从"双子星座8号"飞船中看到的"阿金纳"对接目标飞行器。

空间交会是"双子星座"计划的首要目标，以证明探月任务所需的空间交会是可以完成的。空间交会是需要一个目标的，"双子星座"太空舱进行空间交会对接的基准目标是一个名为"阿金纳"的无人舱，按照计划它由阿特拉斯火箭送入轨道。康威尔从14号发射台将它们发射升空，虽然和之前发射约翰·格伦和其他的"水星-阿特拉斯"任务的发射台是同一个，但现在这个发射台会被改造，用以支持"阿特拉斯-阿金纳"组合的发射任务。"阿金纳"无人舱会被提前送上去，如果一切顺利的话，"双子星座"太空舱内的船员们会紧接着飞上去追踪它。

　　瓦尔特·施艾拉搭乘的"双子星座6号"是第一个执行空间交会对接任务的宇宙飞船，他的搭档是汤姆·斯塔福德宇航员。1965年8月25日，"阿金纳"交会对接靶目标飞船搭乘着阿特拉斯火箭从14号发射台发射升空，按照原计划，如果一切顺利，90分钟后，瓦尔特·施艾拉的"双子星座6号"飞船就从19号发射台发射，但意外却发生了，"阿金纳"飞船升空后没多久，就发生了爆炸，解体化为碎片。

　　一旦失去了交会对接的靶目标，"双子星座6号"飞船就是无用的了。但美国航空航天局的承包商却有一个大胆的想法：让"双子星座6号"飞船放弃已经失利的"阿金纳"飞船，而是去追踪"双子星座7号"飞船。基于曾经出色的成功发射纪录，洛克希德·马丁公司对其制造的火箭很有信心，他们已经提出了连续发射的想法，同时麦克唐奈公司也向美国航空航天局持续建议，当下时机是成熟完美的。尽管"阿金纳"飞船发生了爆炸，但如果连续两次发射，就可以在不延误时间的情况下完成两项任务。作为"双子星座"宇宙飞船的建造者，麦克唐奈公司的工程师充分考虑了那时摆在他们面前的各种可能性。"双子星座7号"是他们当时研制的最先进飞船之一，携带了充足的燃料电池以增强其能力，按计划能够执行长达14天的持久太空飞行任务。在这段时间内，发射台的地面工作人员有足够多的时间对其进行整修，并发射"双子星座6号"去追踪"双子星座7号"，完成空间交会对接任务。为了留出一定的误差空间，发射台的工作人员必须在9天内完成发射台任务的转换工作。

古恩特·温特看了一眼发射日程表说："哦，天哪！你们真是太疯狂了！"如果真的是没有问题——是绝对的没有任何问题或大修，这样的计划安排也仅仅是理论上的可能。就是在这样的背景下，带着仅仅理论上的可能，美国航空航天局开启了这个计划，也开启了卡纳维拉尔角历史上那段惊心动魄的时光。发射场区工作人员将搭载瓦尔特·施艾拉的"双子星座 6 号"的火箭从 19 号发射台撤下，暂时放在旁边的 20 号发射台上，并将"双子星座 6 号"存放在飞船厂房中，与此同时，工作人员同步将弗兰克·博尔曼和吉姆·洛弗尔要搭乘的"双子星座 7 号"飞船安装在配套的火箭上，并伫立于 19 号发射台上。在"双子星座 7 号"发射后，古恩特·温特带领团队拼命地工作，最终在这场与时间赛跑的比赛中，比截止日期提前了整整一天完成任务。他们的成就也造就了卡纳维拉尔角的传奇，成了在那段伟大的太空竞赛岁月中，一个里程碑式的奇迹！马丁公司将"双子星座 6 号"从 20 号发射台又拉回到 19 号发射台，并给它重新装好。

"双子星座"太空舱并没有设计逃生塔，而是配备了弹射座椅。"泰坦 II"火箭的自燃推进剂不像"红石"火箭的煤油推进剂那样会发生爆炸，所以能够有时间用弹射座椅来消除爆炸的威胁。逃生塔非常复杂，也很难操作，需要很长时间的检查，所以太空舱的设计者都很高兴可以不用它。在火箭飞行的最初阶段，速度还不是太高时，弹射座椅虽然能够保证它自身工作正常，但是却给发射台的紧急救援工作带来了难题。发射台对于火箭和宇航员来说都是最危险的地方之一。瓦尔特·施艾拉在 1965 年 12 月 12 日登上这艘飞船时，就深知这一点。作为最后的发射前程序之一，在关闭和密封飞船舱盖之前，发射台工作负责人古恩特·温特和他带领的发射台技术人员会去掉保持弹射座椅惰性的七个插针，这样弹射座椅就和他们的火箭系统一样处于实时任务状态。瓦尔特·施艾拉知道，一旦发射台发生灾难性故障，他就会拉开位于座位下方的一个 D 形环，爆炸螺栓随即就会炸掉舱门，座椅下方的火箭就会喷射，把他和他的同事汤姆·斯塔福德一起弹出去。美国航空航天局已经把发射台的一部分当成"飞行员救助区域"，尽管他们希望弹射座椅可以把宇航员一直弹射到海洋的着陆点处。

但是这样的逃生理念，对于逃离发射台来说是存在风险和问题的。首先，在这样的低空，如果座椅的弹射火箭不能把宇航员带到足够高的地方，座椅可能没有足够多的时间让其中的降落伞展开。如果降落伞在落地前没有展开，将不会有什么用处。而且弹射座椅系统实际上并没有经过真人的试验测试，它对于宇航员来说顶多只能算是一段艰难的旅程，即使幸存下来，也可能会受伤。在用假人进行的一次测试中，舱门没有被炸掉，座椅撞穿了舱门。其次，模拟试验是在充满惰性氮的胶囊中进行的。然而在实际的发射过程中，飞行员将处于纯氧包围的环境内，如果有明火，那么座椅就有可能变成"燃烧的蜡烛"。决定是否拉动D形环，实际上意味着在原地等待死亡和在弹射中死亡之间做出选择。弹射座椅的另一个问题是，弹射过程会摧毁太空舱。你不可能在一个狭窄的太空船座舱里引爆两枚火箭和一轮爆炸螺栓而不造成任何损害；紧急救援也很可能会摧毁太空船座舱，把弗兰克·博尔曼和吉姆·洛弗尔留在太空中漂浮，不会有人来救援。这将破坏瓦尔特·施艾拉被交待的空间交会对接任务。

当发射时刻到来时，瓦尔特·施艾拉是有机会做一个关于是否弹射的重要决定——"3……2……1……发射!"——然而他的火箭此时却停止了工作。仪表板的任务时钟表明，此时火箭尾塞已经由于上升运动而被拔出火箭，即意味着此时火箭正上升至半空中并即将回落、"泰坦Ⅱ型"火箭重达150吨的推进剂即将化为一团灾难性的可怕火球的危险状态。如果按照规则，此时应当马上弹射出去。但是瓦尔特·施艾拉没有拉开D形环，因为舱内的一个仪器告诉他，此时火箭并没有发射。瓦尔特·施艾拉后来回忆说："我回忆起'水星'任务升空时的感觉，但那种感觉并没有发生"。在瓦尔特·施艾拉确定他们真的遇到麻烦之前，他是不会拉D形环的。虽然在美国航空航天局之前和之后的每一次模拟训练中，在面对上述情况时，宇航员都会被要求按照规则手册去执行弹射，但瓦尔特·施艾拉却听从了他的经验，没有拉开D形环。火箭没有发射——有缺陷的指示器在撒谎。"你们还好吗？"发射控制中心问道。"我们只是坐在这里呼吸"，瓦尔特·施艾拉回答道。美国航空航天局从未见过身处危险却还如此冷静的人，这足以证明了一个优秀宇航员是多么的价值连城。虽然发射任务不得不重新开始，但好在太空舱状态良好，船员们的肾上腺素水平也没有下降。瓦尔特·施艾拉冷静的手拯救了任务。这次失误消耗了三天的时间余量，瓦尔特·施艾拉就在这样没有任何时间余量的情况下，发射进入了太空轨道。

空间交会对接技术涉及复杂的轨道计算、精确的操纵和对控制的精细操作。控制轨道导航的基本物理定律是，较低的轨道速度较快，较高的轨道速度较慢。与人们的直觉相反，不能想当然地靠提高速度去追赶目标，那样的话，增加的动量会转换成更高的轨道，从而带来更慢的速度，而不是更快。你会看到你的目标就在你的前方悄悄溜走，直到它越过地平线，绕着地球转一圈后，在你的身后和下方出现。为了向前追赶，你必须降低轨道高度，以获得速度上的增加。在交会对接任务期间，机载计算机能够帮助计算这些轨道的数据。

正是由于瓦尔特·施艾拉知道空间交会对接有多困难，因此他和汤姆·斯塔福德在模拟器上反复练习了一遍又一遍。所有的宇航员都把他们不同的个性和能力带到工作中。瓦尔特·施艾拉的天赋是专注于精确飞行，这是他通过专注的练习、对任务和机械力学的绝对掌握而实现的。科学和探索可以等待其他人。瓦尔特·施艾拉是宇航员中的宇航员，他将要完成这项艰巨的空间交会对接任务，为后续的探月之旅铺平道路。

每一次"双子星座"任务都把美国带得更高更远。整个计划的目的是在发射"阿波罗"登月飞船之前，让美国航空航天局获得必备的技术能力。每一项任务都有明确的目的，即发展或提高一项或多项"阿波罗"计划的能力。最终，美国人学会了在太空中机动飞行，学会了在太空中行走，最重要的是，美国人学会了空间交会对接。瓦尔特·施艾拉酷炫的工作和轻描淡写的操作推进器，使这项任务操作看起来好像很容易，但是这次空间交会对接绝对是一次难度异常高超的飞行。在第四次轨道机动时，一切都完全按照计划开展，瓦尔特·施艾拉的鼻子甚至已经探进到距离弗兰克·博尔曼的"双子星座7号"太空舱不到12英尺的地方了。"可见性怎么样？"弗兰克·博尔曼问道。"相当糟糕，"瓦尔特·施艾拉用无线电回复道，"我透过窗户看到你们在里面!"

突然之间，让"阿波罗"登月之路看起来如此困难的空间交会对接技术就这样成了可能，这绝对是一个了不起的里程碑。在后来的任务中，宇航员们纷纷练习与目标平台的空间交会对接技术——而其中，尼尔·阿姆斯特朗是第一个进行这种空间交会对接的人。宇航员们还学会了如何进行太空行走，这在一开始是如此困难，以至于当尤金·塞尔南在一个模糊不清的面板上挣扎行走时，差一点丢了性命。借助巴兹·奥尔德林发明的手握、脚踏板和新的运动技术，后来执行太空任务的宇航员们突然发现，太空行走也变得容易了。每一次在19号发射台发射升空的"双子星座"计划任务，都是主动迎接未知和挑战，并系统性地征服它们，这使得美国人一步一步地接近月球，为"阿波罗"计划扫清障碍开辟了道路。

随着"双子星座"计划的结束，美国航空航天局发现，他们自己已经处在"阿波罗"计划的边缘上了，该计划最终会将人类送上月球。再一次，整个卡纳维拉尔角的活动重点向北转移，这一次转移到一个新的、更大的火箭新发射台——一个需要所有参与者都付出更大代价的地方。

→ 在"大黄蜂号"航空母舰上，完成14天太空任务返回地球的宇航员弗兰克·博尔曼和詹姆斯·洛维尔满脸洋溢着欣喜之情，摄于1965年。

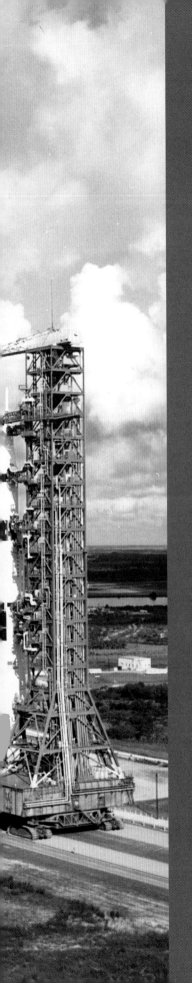

第四章

探月之旅

"阿波罗"计划将在卡纳维拉尔角留下最浓墨重彩的一个印记，一个前无古人、后无来者的印记！那些接纳、准备、发射"土星五号"运载火箭的相关设施设备，无比巨大，甚至从太空中，都能看到它们的存在！

"土星"运载火箭

1961年，冯·布劳恩使用可靠的"红石"导弹进行了一次亚轨道跳跃飞行，后来"阿特拉斯"和"泰坦Ⅱ号"火箭又把美国宇航员送上了远远超出这次跳跃飞行轨道的真正太空轨道。经历了美国成功发射第一颗人造卫星、第一次实现载人航天等一系列令人眼花缭乱的早期成就之后，冯·布劳恩和他的团队一直在亨茨维尔市美国航空航天局马歇尔太空飞行中心研发一枚新型火箭，这枚新型火箭将能够搭载远超"泰坦Ⅱ号"火箭负载能力的首个"阿波罗"太空舱——一架三人驾驶的宇宙飞船。冯·布劳恩团队的新型火箭被称为"土星"号。在1961年秋天，当"土星"号火箭首次在卡纳维拉尔角亮相时就震撼了世人，连那些自诩经验丰富的老兵们也对其印象深刻。

←← 搭载"阿波罗4号"太空飞船的"土星Ⅴ号"运载火箭转运至38A发射台的过程图景，摄于1967年

← "阿波罗16号"发射升空，去执行为期12天的探月任务，摄于1972年

冯·布劳恩的"土星"系列火箭

美国航天计划的五位先驱，在他们创造的火箭模型前合影留念。从左至右分别是：霍尔格·托夫托伊少将(站立)、恩斯特·施图林格博士、赫尔曼·奥伯特教授、沃纳·冯·布劳恩博士和罗伯特·卢塞尔博士，摄于1956年。

"土星"系列，原本计划成为一套型谱家族系列火箭，在后续的实际建设中，将主要研制建造三种类型："土星一号"将进行试验验证，"土星一B"用来搭载第一个"阿波罗"太空舱升空，"土星五号"负责把人类送上月球。这三个都是从概念符号中得到数字编号的，所以从来没有制造过任何"土星"二号、三号或四号火箭。曾经，有一种叫作"诺亚"的火箭，比任何型号的"土星"号火箭都要巨大，原本计划用它实现载人登月计划，但到了1962年，"诺亚"的研制计划明显满足不了肯尼迪总统下达的载人登月最后期限要求，同时也考虑到，一架较小一点的飞船相比于巨型着陆器，会优先考虑被送抵月球。"土星"系列C5型号火箭由于既有能力搭载小型着陆器，同时又能满足截止日期的要求，因此其最终被选为登月用的火箭，并被更名为"土星五号"。

当年的太空竞赛就是要尽最大可能、最快速度地研发出能力最强大的火箭。冯·布劳恩设计了一条超越"泰坦Ⅱ号"火箭的捷径，通过先期研发一枚能力足以对"阿波罗"飞船进行在轨测试的火箭，以确保它在"土星五号"火箭研发出来后，同样具备对接条件。冯·布劳恩深知，开发一种全新型火箭推进系统需要花费大量宝贵的时间，这将极大地占用他们花在研发"土星五号"上的时间。每一项火箭技术的进步都是需要付出巨大时间和金钱，因此利用现有技术去拓展在火箭科学中总是处于有利地位。为了在截止日期期限内制造出一枚切实可行的临时型"土星"火箭，冯·布劳恩甚至提议将一堆"红石"导弹或多或少地捆绑在一起，并称之为第一阶段。真正的"土星一号"火箭虽然并不像听起来那么简单，但它确实是由八枚拓展型"红石"导弹子级捆绑在一起建造而成的，每一枚都有自己的独立新引擎。其核心是一个拓展型"木星"子级。

八台新发动机刚从洛克达因公司的生产线上下来，洛

↑ 冯·布劳恩博士观看"土星一号"运载火箭的首次试验发射，摄于 1961 年。

↖ 时任美国总统肯尼迪在他载入史册的国会演讲中，首次宣布启动载人登月计划，他指出："在未来十年内，我坚信我们能够全力以赴，实现将人类送上月球并安全返回地球的目标"，摄于 1961 年 5 月 25 日。

克达因公司凭借一种复杂的设计，戏剧性地超越了传统的以"坚若磐石"可靠性著称的 V-2 火箭发动机，这种复杂的设计最大的特点就是利用毛细循环推进管路去提高发动机喷嘴的性能。优越的燃油喷射和点火技术也有助于更高效地燃烧，这些尖端技术使得洛克达因成了世界上最好的火箭发动机的代名词。美国工程界以令人钦佩的魄力承担起了这项任务。

　　"土星一号"火箭将展示八个这样的洛克达因引擎，尽管批评人士表示，这八个引擎不可能一起顺利工作，但冯·布劳恩反驳说，八个引擎的架构，实际上是为每个引擎都配备了七个备份，因此，任何一个引擎的故障都不会对任务造成灾难性的影响。话虽如此，但实际上，这种捆绑式火箭还是一种临时的解决方案——即使表面上看起来也确实如此。这在短期内是可行的，但一旦更强大的引擎被开发出来，美国航空航天局将永远不会再使用这种方案。

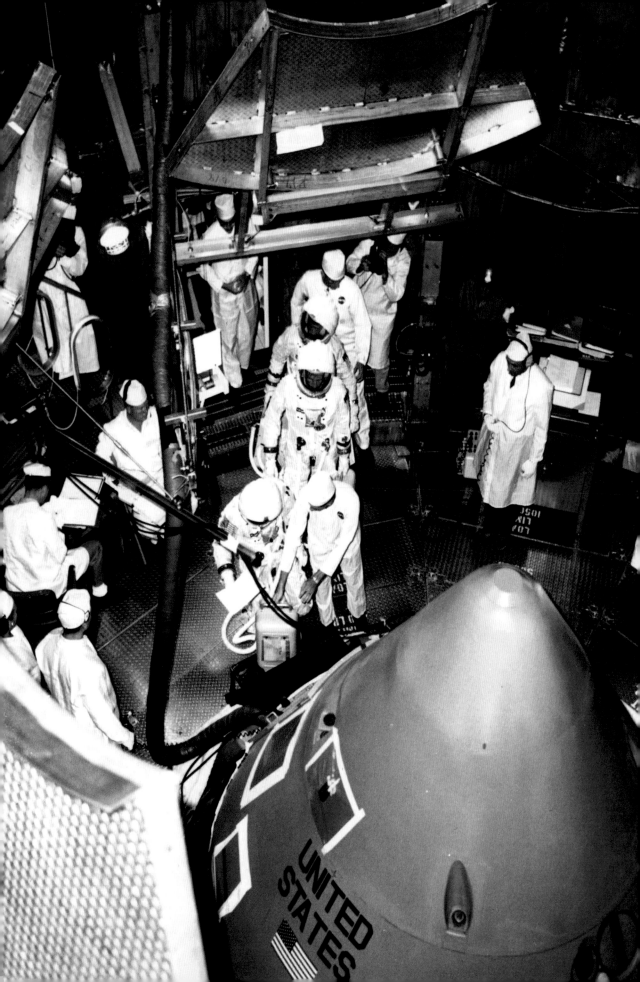

冯·布劳恩为"阿波罗"计划研发的新"土星"火箭同样需要一个新的发射综合体。当时机成熟时，这个新发射综合体被选址定在了卡纳维拉尔角，并被命名为34号发射台。这个新发射综合体配有一个圆顶的碉堡，就像发射所有洲际弹道导弹的发射台配置一样，冯·布劳恩能够在其中通过一个潜望镜，像潜艇指挥官监视水面舰艇一样监视着他的火箭。那支由德国人组成的工程团队，在设计建造34号发射综合体时，基本沿袭了佩内明德基地的那些发射设施设计方案，只不过是将其做成了那些发射设施的巨型版本。虽然这个有着四条腿的方形发射架已经有四层楼高了，但它仍然沿袭的是基本的支撑设计方案。它的下面仍然有一个尾焰偏转器，只不过不是一个小的金属金字塔，而是一个巨大的双面倒V形设计。因为新的火箭将会产生巨大的冲击波，如果尾焰偏转器将尾焰和冲击波从四面八方引流出去，那将破坏冯·布劳恩在碉堡潜望镜里的视野。因此，设计成V形的尾焰偏转器能够将尾焰和冲击波指向两边引流，这样碉堡里的人就能够看清火箭发射时的场景了。

"土星"火箭的威力非常强大，强大到如若其中任意一枚发生爆炸，其威力足以摧毁整个发射综合体。过去传统的"在附近区域备份发射台"的思路将难以完全保障备份发射台不受"土星"火箭潜在破坏力的影响。如果34号发射综合体发生了这样的爆炸，那么这一项目可能会推迟一年——这会是冷战期间登月竞赛中的重大损失。因此，一个用于备份"土星"火箭发射的发射台被批准立项建设，即37号发射综合体。

用来设计建造37号发射综合体的地址是一片沼泽。为了稳定场坪的地基，工程师们采用了一种叫作振冲的方法，将沙子压碎、压实，直到像混凝土一样能够承载重型负荷。为了建造37号发射综合体，工程师们不得不移走22万立方

"阿波罗"计划宇航员格斯·格里森、艾德·怀特和罗杰·查菲正在开展"阿波罗1号"指挥模块地面测试的照片，摄于1967年。

米的沙子。仅地基上就使用了重达2 000吨的钢材，而重达1 000万磅的服务塔高达328英尺。截至目前已知范围，这个庞然大物仍然是这个世界上最大的带有轮子的东西。这些就是面向冯·布劳恩的"土星一号"和"土星一B"火箭的相应设施设备，也预示着"土星五号"火箭的配套设施将会是多么地空前巨大。同"阿波罗"众多不可能完成的任务一样，美国陆军工程兵团同样面临众多新的挑战，他们要建造此前从未建造过甚至从未规划过的设备。但就是在如此艰难的情况下，他们还是于1963年，如期建造完成了37号发射综合体。

但在当时，34号发射综合体仍然是"土星一号"火箭的主要发射场。就是在这里，"阿波罗"计划的宇航员们为了第一次任务，在新的、超级复杂的、三人操作的"阿波罗"太空舱中进行了大量的训练，也是在这里，我们意识到，从宇航员登上宇宙飞船的那一刻起，就意味着风险的伴随存在。

古恩特·温特并没有像之前一样被邀请担任发射台负责人去负责34号发射综合体的航天飞机水平测试工作。一家新的承包商参与到任务中，北美航空公司仿佛对如何做好任务中的每件事都胸有成竹。因此，当格斯·格里森和他的同事埃德·怀特和罗杰·查菲在1967年1月27日登上尚未加注燃料的"阿波罗"太空舱和"土星一B"火箭，准备进行又一次发射任务全过程模拟演练时，古恩特·温特并没有在原来的岗位上去关注发射塔顶部的"白色房间"和发射塔安全系统。新的系统非常复杂，尽管原计划在当年2月份执行发射任务，但当时大部分工作尚未完工。系统的通信质量很差，格斯·格里森对技术方面的不足感到极其沮丧。如果一切正常，这一天不过又会是一个充满艰苦工作、漫长的一天，但火灾发生了。太空舱内充满了纯氧进行压力测试，突然间，狭窄的舱内变成了熊熊燃烧的地狱。三名宇航员被固定在太空舱里，他们没有办法很快出来。发射吊架上的工作人员虽然想尽办法打开舱门，但当舱门破裂时，他们又被喷涌而出的浓厚有毒烟雾推了出来。工作人员花费了五分钟才成功进入舱内，但此时，对于舱内的宇航员们来说，已经太晚了。

作为主要承包商，北美航空公司及其工程师们在"阿波罗"太空舱的设计上犯下了巨大的错误。后来的分析表明，宇航员格斯·格里森的沙发下面有一个电弧，在纯氧环境中，一旦这个电弧的绝缘层受损，就会引发一场大屠杀式的灾难火灾。

而更令每个人感到恐怖和震惊的是，"阿波罗"计划的首批宇航员就这样在这次事故中丧生了，现场所有的发射设施都还沉浸在这场火灾的影响中。34号发射台、第一次载人任务，就这样，在一场祭祀送别中揭开了序幕。整个卡纳维拉尔角被笼罩在一片哀伤的气氛中，现场的所有人都认识到了事态的严峻。

在"阿波罗"1号飞船失火之后，整个"阿波罗"系列太空舱都被彻底重新进行了设计，最终使得其成了美国有史以来最安全的宇宙飞船——远比紧随其后的航天飞机安全得多。尤其是宇宙飞船旧的舱门部分，被一个快速、灵活能从里向外打开的舱门所替代。沃尔特·斯基拉被任命指挥"阿波罗"1号在那次失火之后的第一次载人航天任务，他亲力亲为地泡在宇宙飞船的制造地——北美航空公司的厂房里，就是要尽全力确保飞船的建造过程是按照他的设计思路进行的。

在宇航员们的强烈坚持下，古恩特·温特被北美航空公司重新雇佣，用来监督位于34号发射台的太空飞船的执行任务状态。因为宇航员们深知古恩特·温特不会容忍任何考虑不充分，甚至可能会酿成灾难的任务计划，不管他公司的上级领导是否考虑到了某一点隐患，他都会尽一切努力去确保发射塔架处的安全。

虽然在接下来的几年时间里，古恩特·温特成为那些把政策或特权置于纪律和安全之上的官僚们的眼中钉，但

↑ 失火后的"阿波罗1号"指挥模块，它在一次例行的训练中起火，并导致格斯·格里森、艾德·怀特和罗杰·查菲三名宇航员牺牲。

他却是人类能够登上月球所需要的鲜活的精神象征。

当沃尔特·斯基拉登上他重新设计的"阿波罗"飞船时，古恩特·温特就在发射塔架那里向他道别。沃尔特·斯基拉很清楚，什么样的名字更加适合这艘他重新设计的飞船。尽管美国航空航天局明令禁止这一称呼，并且在各种书中都称这艘新设计的飞船为"阿波罗7号"，但这艘飞船对于它的设计者和指挥官来说，一直都被叫作"凤凰号"。它会从"阿波罗1号"宇宙飞船和在那场火灾事故中牺牲的宇航员们的灰烬中涅槃重生，飞向太空。1968年10月，"阿波罗7号"在经历惨痛失利之后，又一次奔向太空，那一刻也见证了美国航空航天局探索太空的无畏决心。

1968年，仅历经7次发射任务后，第34号发射综合体就被停用了。这个发射综合体见证了美国航空航天局截至当时所经历的最惨痛的失败，也见证了它最大的精神上的成功。

冯·布劳恩为了任务做足了火箭的备份，因此在仓储中仍然存放有几枚完好的"土星—B"火箭。尽管这些庞然大物规模空前，但由于前期的任务从未有一艘"土星"火箭失利过，所以这些储备的火箭仍然处于可用状态。美国航空航天局虽然会在适当的时候重新启用这些火箭，但可以肯定的是，它们再也不会从34号发射台起飞了。34号发射台这个地方最终被废弃了，多年来，那些腐蚀了的金属结构，要么被拆除，要么直接被废弃。如今，这里只剩下了当年那些建筑物的轮廓：圆顶碉堡、宽阔的混凝土停机坪、巨大的尾焰导流板和"红石"导弹发射台的巨型混凝土版本等。它就像现代的巨石阵一样，隐隐约约地矗立在那片属于它的偏僻之地。它也像是一个神秘的符号，只有了解那段过往的人，才能读懂其中的奥秘。它更是一座不朽的丰碑，祭奠着那段被火灾灼伤的时光，纪念着那片曾经化为灰烬、终又涅槃重生的地方。

"阿波罗"登月准备

　　在"土星五号"火箭出现之前，在卡纳维拉尔角，曾出现过多种设计方案，但就像乔治·华盛顿在独立战争中从众多的将军中脱颖而出一样，最终的"探月火箭"就是如此与众不同。像美国之父一样，"探月火箭"是独一无二的。"阿波罗"登月计划中的"土星五号"火箭，在卡纳维拉尔角留下了前无古人后无来者的最刻骨铭心的印记。用来接收、准备和发射"土星五号"这种庞然大物的配套设施也都是巨型版本，甚至从太空中都能看到它们。尽管在"阿波罗"计划结束后，这些设施设备大多都被改造而有了新的用途，但直至今日，"阿波罗"计划的"土星五号"发射中心，仍然是肯尼迪航天中心的地标性建筑。"探月火箭"在各个方面都是巨大的，它空前的规模迫使人们对那些曾在卡纳维拉尔角已经成为标准的操作规范进行重新思考。

　　"阿波罗"计划的设计者们必须制订一套完整的、全新

的发射理念去适应这一规模非凡的火箭，同时他们又不能有任何懈怠，因为距离肯尼迪总统宣称的登月最后期限，已日渐临近。时间一分一秒地流逝，奇迹也必须按时发生。美国航空航天局及其承包商盟友们注定不会失望。整个企业的大胆创新和总统在世人面前对他们完成"不可能任务"的坚定信念，激励着"阿波罗"计划的设计者和创造者们，使得他们在对"土星五号"火箭的每一项操作中，都倾注了勇敢的精神、对未来的愿景和对建造卓越工程的牺牲奉献。

冯·布劳恩博士陪同肯尼迪总统对 37 号发射综合体进行考察，摄于 1963 年。

履带运输机

当"水星"探测器通过"阿特拉斯"洲际弹道导弹进入太空时，"阿波罗"计划的领导者们就已经在积极地设计那些前所未有的登月任务发射装置。"阿波罗"计划发射场系统中最关键的问题之一，就是如何将已组装好的登月火箭从飞行器装配大楼运送到发射台。库尔特·德布斯希望这个问题能够得到解决，而且要尽快解决，因为他深知这一运输装置是一个关键点。事实上，研发这个运输装置也是登月计划发射场工程中，最具技术挑战的工作之一。

即使在没有加注燃料的情况下，"土星"号火箭的质量

这张照片从飞行器装配大楼的 1 号高湾视角，显示出了足有 36 层楼高的首枚"土星五号"（代号 AS-501）全景景象，彼时正在为推出飞行器装配大楼做准备。

第四章 探月之旅

117

↑ 工人们将巨型链轮和附属
齿轮调整到位，以驱动履
带运输机上八条履带中的
一条，摄于2004年。

也是惊人的天文数字！连同它的发射塔和发射平台，整个质量达1 200万磅。在"土星五号"火箭的重压下，那些早期用来拖曳其他型号火箭的拖车会被瞬间压扁，它们的橡胶轮胎会像气球一样瞬间爆开。自从佩内明德以来，铁路系统一直被用来移动发射服务塔，但是对于"阿波罗"计划，铁路系统的分析并不乐观。工程师们很容易想象，铁轨被压在不稳定的地面上将会是怎样一幅情景。而驳船系统似乎很自然地就成了下一个备选项，因为自从埃及人利用尼罗河运输方尖碑时代开始，水路运输一直被用来承载最大的载重。然而，当开始研究利用驳船去运输的可行性时，运河中操作困难、预防爆炸风险较大等各种问题纷至沓来，看起来仿佛就像是一堆烂摊子一样让人无从下手。

彼时，从肯塔基州的煤田里传出了一则报道，据说那里有一个巨大的装置能够靠履带爬行，那装置大得像一个能一口吞掉整片煤田的巨兽。制造商比塞洛斯公司听说了美国航空航天局在运输车方面的困境，于是邀请库尔特·德布斯的人去观摩。实地考察后发现，不仅肯塔基州的故事是真实的，而且这家矿业公司近期还在建造一个更为庞

← 履带运输车运输搭载着航天
飞机和移动发射平台,摄于
2005年。

↓ 巨型履带运输车正在沿慢速
道路,通过搭载自身净重高
达800万磅的移动发射平
台,来试验一组新的履带板
片。每块履带板片就重达2
260磅,而整个履带运输车
有456只这样的履带板片,
摄于2005年。

大的"怪物"级装置，这一新"怪物"的承载能力甚至比探月用的火箭还要大。库尔特·德布斯的团队很欣喜地找到了一群能够处理"阿波罗"计划级别力量的工程师们，并且他们也能够建造与之相匹配的设备。"阿波罗"计划所用的拖车应该是最先进的设备，而不应该是像大型驳船那样危险的实验品。

库尔特·德布斯的团队后来意识到，他们可以将履带拖车与发射平台分离开来，这样就可以只建造两个摆渡工具，而不用建造三个自推进的发射平台。当数字优势体现出来时，爬行履带拖车成了最后的赢家。

履带车研制的中标公司——马力昂动力铲公司，在俄亥俄州同时建造两台完全一样的履带车，然后再拆分装运至肯尼迪航天中心。每一个履带车都呈大而平的方形结构，长达131英尺，并被漆成同战列舰一样的灰色涂装，方形结构的上面是一块承重甲板，有棒球场般大小。在履带车的四周都设计着过道，两个斜对角的地方各有一个驾驶室，以便于驾驶履带车前进或后退（履带车不能够自行转弯）。履带车依靠4台"卡车"驱动行驶，在方形甲板的四个角，每个角有一个"卡车"，就像脚踏板一样支撑着拖车前进。每个踏板履带装置高10英尺，长40英尺。需要通过一条可伸缩的舷梯，才能攀登上这个庞然大物，看着履带车工作就如同看着一个工厂运转一样。这样规模的履带车去匹配巨型"土星五号"火箭，实至名归。

垂直飞行器装配大楼

"红石"导弹是在卡纳维拉尔角的字母机库中完成组装的，但像"泰坦Ⅱ号"和"土星一B"这样的大型火箭，是不适用于原先那样的机库的，所以这些大型火箭只能够先在机库中完成组装，再吊装至发射台上。随着火箭上这些系统日益复杂，射前的检测测试时间从几周逐步延长至几个月，这使得火箭不得不在佛罗里达州的盐碱地那腐蚀性的天气里待很长一段时间。因此，对于"土星五号"火箭，库尔特·德布斯设计了一个全新理念：探月火箭的整个组装过程将处于环境保护状态，整个过程将在一个足以容纳整个垂直状态下的火箭的装配大楼中进行，而整个太空飞行器将作为一个整体被转移至发射地点，以将火箭在外部恶劣环境中的曝光时间降到最低。"移动发射的概念"使得"土星五号"火箭的发射台不会因每次发射操作而被占用太久。几枚火箭可以在新的装配大楼里同时组装，而一个系列的火箭只需要两个发射台就可以高效轮替发射。美国航空航天局的规划者们甚至曾展望，随着太空计划的逐年扩充，在将来每年可能会有数十次"土星五号"火箭的发射。与"阿波罗"计划的所有其他设施一样，装配大楼的设计和建造也充分考虑到了未来可能的扩张需求。能够装配垂直状态火箭的全新理念，为"阿波罗"计划的装配大楼赢得了"垂直飞行器装配大楼"的专属称号。可是后来，这一称号却被莫名其妙地改成了"飞行器装配大楼"。但不管怎样，这个地方对于肯尼迪航天中心的工作人员来说，就是"飞行器装配大楼"。两座最大起升量达250吨的桥式起重机被安装在装配大楼顶部，其能力足以吊起"土星五号"。装配大楼内部的多层工作平台会很好地贴合到位，紧紧环绕着火箭，使得工程师们可以360°无死角地对巨大的"土星五号"进行检查。当"土星五号"的三个子级被组装完成后，月球着陆器和"阿波罗"号母舰将会被安装在火箭的最顶端，并固定在一个地方，同时顶部有一个逃生塔。完成总装和测试检查之后，火箭就会被推至发射台。整个过程听起来似乎都特别简单，直到飞行器装配大楼以其那惊人的规模展现在世人面前。要把"土星五号"36层楼高的火箭顶部和与之匹配的脐带塔顶部连在一起，并在脐带塔顶部上给起重机留出足够大的空间，这样的建筑至少需要有52层楼高。这样一座占地超过1.29亿立方英尺，占地面积甚至比两个足球场还大，可达8英亩的建筑，在当时都是世界上体积最大的建筑。设计者为这一建筑设计了四个内部发射台，以保证"土星五号"系列火箭能够服务于美国未来空间发展需求对重型运载的长远期望。虽然设计之初曾考虑过为其安排6个发射台，但最终只批准了4个，也已经完全足够了。同时，该建筑在其地

基上进行了设计和预留发射台定位，所以当未来需要时，可以很容易地扩展到六个、八个或更多的发射台。

其中三个飞行器装配港是面向"阿波罗"任务配备的，而第四个则是面向未来可能的新版本"土星五号"火箭而预留的，它可以根据需要，改变相应配置和工作平台形状。与此同时，冯·布劳恩也时时刻刻在思考着未来，他计划将他的探月火箭改装成更为强大的能够登陆火星的火箭。除了预留了一个装配港，冯·布劳恩还把飞行器装配大楼的楼顶设计成可调节高度的，以适应未来可能的更高大的运载火箭。该建筑用掉了大约98 000吨钢材，包括从平屋顶伸出的一组完整的大梁，以备后续可能的向上扩展用。时至今日，我们仍然可以看到这些建筑和设计，它们为未来指明了道路。

四个内部的装配港，围绕在一起形成了一个高达525英尺、地面边长为518英尺的封闭正方形结构。对工程师们来说，这座建筑的宽面就相当于是世界上最大的帆，面积超过100万平方英尺。飞行器装配大楼仿佛一艘巨大的帆船，会以一种近乎复仇的方式乘风破浪，就像佛罗里达的飓风一般，令人兴奋。为了抵御飓风，飞行器装配大楼不仅需要坚固，还需要比一般地基更好地锚地，这些地基位于建筑工地的沙质淤泥中。面对困难，施工人员们勇往直前，将4 225根钢管桩穿过沙土和泥浆，一路打到地面以下150~170英尺的基岩架上。锚固桩柱直径为16英寸，建筑工人将这些桩柱一直钻下去，直到嵌入地下总计约123英里的深度。得益于地基牢牢地固定在坚稳的岩石上，飞行器装配大楼的整体结构能够承受高达125英里/小时的飓风，这种飓风的威力足以摧毁一个普通的城市。

飞行器装配大楼的四个主要装配港构成了高湾区。装配港附近一个210英尺高的低矮建筑，形成了一个卸货码头，在那里，火箭的各个子级将从外面被运抵装配大楼，并通过一个转移通道，进入装配港中间区域。低湾区有八个检验舱，用来进行各个阶段的准备工作。这些检验舱中的测试对接设备，将模拟每个阶段的固化接口状态，以确保在后续的总装过程中，能够刚好满足接口要求。只有在

↑ 肯尼迪航天中心的第一任主任德布斯博士将他的名字签在一根长达38英尺的钢梁上，连同数千个名字一起，标志着飞行器装配大楼的建成，摄于1965年。

← 从回旋水域望去，正在建造中的飞行器装配大楼、发射控制中心和发射服务塔架群，摄于1965年。

↑ "阿波罗-土星五号"装配中心，是肯尼迪航天中心中最新补充建造的一个装配综合体，其主体厂房面积达到10万平方英尺，能够容纳一枚长达363英尺的"土星五号"，摄于2005年。

低湾区的各项对接、检查通过后，相应产品才能够被转运至高湾区进行总装集成。

在早期，火箭是以垂直状态堆放在发射台上的，自20世纪50年代纳瓦霍有翼导弹出现以来，标准的程序就是将导弹固定在发射台上，并在点火后锁定几秒钟，直到推力达到最大，爆炸螺栓会解锁，或者通过夹具打开来释放火箭。这一技术使得大多数火箭在发射过程中最为关键的第一个阶段，即积累和稳定推力的阶段，能够免于因飘忽不定而坠毁，因此这项技术也被应用于"阿波罗"计划的火箭上。在飞行器装配大楼里堆放"土星五号"需要一个可移动的支架来安装和运输它，其形状就像一个巨大的灰色矩形盒子，被称作移动发射平台。这个25英尺厚的发射平台本身就是一个重要的标志性建筑物，其中心有一个45英尺见方的过孔，火箭在发射过程中，尾焰会从这里喷射而出。这一过孔的边缘是一圈固定点，即通过这些固定点，"土星五号"的一子级被固定住，为后续火箭的各子级装配奠定基础。"阿波罗11号"就被堆放在高湾区1号的移动发射平台上。

把阿波罗11号的三个子级一个一个地移动到合适的位

置，小心地固定好，并堆叠起来，直到"土星五号"火箭主体成形。在它的旁边，矗立着一个甚至比飞行器装配大楼还要高的钢架结构——发射脐带塔，它作为一个永久性的附属件，安装在移动发射平台上。火箭各子级安装就位后，脐带塔的九条连接臂便伸出与火箭的各相应部分连接，技术人员们会连通小到电气监控线路、大到大直径燃料软管的所有必需的管路。此时，火箭各子级内部，以及上下贯通高达398英尺的发射塔的燃料管路，都还处于空置状态。该平台将被整体接至发射台的燃料储存库，在那里完成燃料和推进剂的加注。

飞行器装配大楼的每面外墙的中间部位，都有一扇巨大的、半透明的矩形窗户，每一扇窗户都由数百块单独的玻璃组成。阳光透过这些窗户，洒入教堂一般的装配大楼车间，一切嘈杂的说话声和起重机的操作声都在这个巨大的穹顶里仿佛消失了一般。高高的屋顶耸立在人头顶，抬头望去令人头晕目眩，而黑白相间的"土星五号"火箭外壳，透过包围着它的栅格结构清晰可见。

"土星五号"火箭每一个子级的规模都足以令人印象深刻，但这些元素第一次在装配大楼中拼接在一起后，更加令人震撼。当宇航员们在数天乃至数周的时间里专注于他们所从事的众多任务时，四面八方而来的不同器部件被融合在一起，变成了一个巨大的太空运输工具，这就是阿波罗11号！机械连接、电子集成，最后以精致的航天器震撼亮相，整个组装过程令世人深感敬畏，人类在这样的巨物面前显得如此矮小。

"阿波罗"计划的非凡性质给它的各个部分都加持了一层光环，全国成千上万的制造商和实验室的工作人员都受到了影响。能够参与这一能够将人类送上月球的系统研制建设，令人十分骄傲自豪。"阿波罗"计划激发了人们对于追求完美的努力。对许多人来说，触摸到探月火箭的一部分会让他们永生难忘，那种触摸历史的感觉，永远挥之不去。"阿波罗"计划的整个创建和装配过程的顶峰，即飞行器装配大楼的建成和使用。从起重机操作员到工程师，飞行器装配大楼的技术人员们都深深感受到他们工作的重要性，如果类比于那些曾在巴黎圣母院安装彩色玻璃窗的先辈们，那些人不会比现在的这群工人们更投入，也不会比现在更敬业。他们努力的程度是相匹配的。这两座丰碑式的建筑都传递出一种超越寻常的、坚定的力量，表达了一种超越平凡的心志。在这两种情况下，成就的高度将超越简单的衡量标准。

首次亮相

早期的"土星五号"系列火箭都是非常出色的，但为"阿波罗"计划而准备的那枚"土星五号"火箭性能更为优越，因为它即将执行人类史上第一次的登月任务，也即将完成肯尼迪的太空挑战。当爆炸固定螺栓最后确认锁紧完毕，并且"阿波罗11号"各项也已准备就绪，飞行器装配大楼那扇雄伟的大门缓缓开启。由于这扇大门的空前尺寸，整个大门开启过程需要耗时数个小时的时间。七片垂直的

→ 执行首次载人登月任务的"阿波罗11号"发射开空，摄于1969年7月16日。

门页，依次向上升起，之后下面的水平门也随之分开，沿着轨道退至后方，直到一个高456英尺、宽152英尺的巨大倒T形空间呈现出来。正是通过这个巨大空间，"土星五号"被缓缓推出，呈现在世人面前。在支撑着发射塔架和探月火箭的灰色平台下面，是一辆巨大的、坦克一样的履带拖车，它承载着整个组合体的重量。履带拖车上的司机就身处一个能够同时承载巨大的平台、塔架和多级火箭等所有组件的巨型机器内部控制室里，操控着这一切。众多贵宾都到场见证了"土星五号"被推出装配大楼这一载入史册的"首次亮相"。将这枚巨大的黑白相间的探月火箭从飞行器装配大楼里推出的那一刻，在场的所有人都深感敬畏。履带拖车凭借其出色的原动力，稳稳地承载着巨大负载，以1英里/小时的庄严速度将其推出，似乎也在衬托这一不朽的壮丽。

民众站在飞行器装配大楼的屋顶上，鸟瞰巨大雄伟的"土星五号"被缓缓推出。技术人员则在甲板上操作着。在最初的一次飞行中，古恩特·温特就站在发射塔顶端，与履带拖车司机就运输过程中振动相关信息进行技术交流，目的只有一个，那就是尽力确保一切顺利。一个高度足足有36层楼高的庞然大物，从一个足以容纳4个如此巨物的装配大楼中被推出的场景，其规模之大堪称世界之最。"阿波罗11号"宇宙飞船的宇宙往返航程将近50万英里，但这一切的前提是，"土星五号"必须首先被运抵发射台。这段距离虽然只有三英里多一点，但这却是一趟名副其实的艰难之旅，需要付出巨大努力，而这一艰难运输过程也将在地球表面留下深深印记。

运输

用履带拖车主管的话来说，这个履带运输机简直就是一个"600万磅重的地面步行怪兽"!肯尼迪航天中心的履带拖车主管是瑟斯顿·维克里，他是一名身材魁梧的工程师，身高虽然不足2米，但当他说起话时，气场却异常高大伟岸。不是所有人都能处理履带拖车团队的工作。假设

一个车轮导致整条履带不能工作，这种情况下需要更换履带吗？瑟斯顿·维克里团队的人，在面对棘手的困难时绝对不能被吓倒，当重达1吨的履带需要马上被更换时，能够立即工作而不畏首畏尾，因为不论履带拖车在什么时间、什么地点发生了故障，几乎都只能在现场处理，而不可能拖回修理厂。瑟斯顿·维克里通常会在划分部门时，安排

↑履带运输车因巨大的重量，在其路过时，能够将细石子研磨成沙子，并留下经过的痕迹，摄于2004年。

一个精心设计的测试问题，通过观察应聘者对这一测试问题的反应来完成人员筛选。"我们做了一个 1.8 米高的可调扳手给新员工看"，他说"这么做，其实就是为了吓唬吓唬他们。我会把新员工们带到履带拖车的下面，让他们看看扳手。当他们留心观察的时候，我就会看着他们的眼睛，告诉他们，如果你觉得那太大了，那你就进错部门了"。"这架履带拖车的超大部件看起来就像需要一个这么大的扳手，单单履带下面的一个消音器，就能有一辆'林肯大陆'那么大"。"当我们开着履带拖车经过岩石"，瑟斯顿·维克里说，"当我们通过后，这些岩石就会被碾成沙子"。不了解实际情况的游客可能会认为这是得克萨斯州风格的夸张言语，但如果你得到特别许可，能够走近看看这条宽阔的双车道履带车专用通道，你会看到它上面布满田纳西河的鹅卵石。这些鹅卵石很漂亮、很圆，就像你在装饰喷泉里看到的石头一样。它们的工作原理就像滚珠轴承一样，让履带拖车通过弯道时，不会把路面从地面上剥落下来。当履带拖车朝着发射台，像机械冰川一样从你身边经过时，巨大的履带会向后滚动，经过与地面的摩擦后，再向上卷起。如果你跪下来仔细观察履带拖车在石头上留下的痕迹，你会发现碎石的表面是很平坦的，而就在几分钟前，履带拖车巨大的踏板刚刚从此经过。每一个履带踏板都留下了完美的印记，就像指纹一样独一无二。石头都被碾碎了。

在履带拖车行进时，有一队侦察员会跟着其一起行进，沿途密切注意任何问题，比如拖车踏板或是其他任何听起来不对劲的声音。他们所走的路有 131 英尺宽，大约有一条八车道的高速公路那么宽，中间有一条缝隙。这条履带专用道路是通向月球的"高速公路"。工程师们在设计之初，就给这条道路赋予了沉重的使命，要承载至少 1 800 万磅重的负载，其中 1 200 万磅是"土星五号"和它的发射塔/平台的质量，600 万磅是履带拖车自身质量！这条路的地基平均有七英尺深。从飞行器装配大楼到 A 发射台，履带拖车的行程为 3.5 英里，却要耗时约 6 个小时。履带拖车满载情况下最高速度可达到 1 英里/小时，即使在今天，这种速度在这样的载重下也很少能够达到。

履带拖车的驾驶舱仪表盘上有一个很显眼的速度计，其最高时速可达2英里。但瑟斯顿·维克里却对这个设计表示怀疑。"全力加速？这里可不是飙车的地方！此外，就算是以当前这样的速度，发动机引擎也会发出震耳欲聋的轰鸣声"。

道路上的不平整并没有使履带拖车上的"土星五号"倾斜。履带拖车上配备有灵敏的调平系统，能够使"土星五号"的塔尖在任何方向上的移动都不超过6英寸，即使履带拖车在到达发射工位，触抵象征着零距离的斜坡时，也仍然能够保持高度稳定。

"阿波罗"计划的专属工位

工程师们就地取材，在即将建造"阿波罗"计划专属发射工位的场地上，堆砌了从巴纳纳河里挖掘出来的约50万立方米的沙子和贝壳等原材料，以便为建造发射台做好准备。重达15亿磅的重物落下来，压碎其下方的地面，最终会形成一个更为稳固的地基。当地面下沉了大约四英尺时，上面的土堆将会被清理掉，以便为后续施工提供一个坚固的地基平台。

实际上，在探月火箭发射台上所做的事情，和在"红石"火箭发射台所做的事情是一样的。都是先将火箭置于一个尾焰偏转器上方，后为其连接各种服务平台，配上一个移动的龙门吊架，以便技术人员进入，并在发射前离开。

"红石"导弹下面的火焰偏转器是一个小小的金字塔状金属物。而"土星五号"火箭的尾焰偏转器则重达650吨，有四层楼高。这样的高度也就解释了为什么将"土星五号"运抵发射台需要经历漫长的坡道。就是为了将火箭平稳地托举起来，使火箭稳稳地伫立在尾焰偏转器之上。尾焰偏转器的混凝土表面是用火山灰制成的，但即使是这样也不能完全承受"土星五号"点火时的爆炸冲击。考虑到潜在的破坏，尾焰偏转器被安装在轨道上，方便移动，以便在需要的时候能及时换上一旁准备好的备用偏转器。

火焰偏转器位于导流槽的中心，尾焰会向两个相反的方向蔓延——一个方向是从引道坡的中心处向外蔓延，另一方向是从发射台的背面向外蔓延。导流槽宽58英尺，深42英尺，用来承受常人难以想象的巨大冲击力量。巨大的空间很容易让人联想到那即将到来的冲击威力，火箭的尾焰将充满整条沟道，就像河流一样从此流过。导流槽内部的墙壁上，排列着工人们用来建造窑炉的砖块，现在这些砖块上都留有曾经被焚化的痕迹。导流槽的内部，简直就是一个被烧黑了的地狱。作为一名游客，你的身体会感知到这个坑中隐藏的巨大危险，尽管你享有参观的特权，但相信你并不想在那里待太久。

在火箭点火发射时，单单是所产生的声波就能轻易地杀死你，即使你在火焰冲过之前跑到一边。点火时产生的能量，以四倍于音速的速度从众多引擎中喷射出来，造成一连串的小型音爆，甚至从几英里外听起来都像是断断续续的爆竹声一样。

出于对那五个引擎所释放的能量的敬畏，每一个可以在发射台之外建造的"阿波罗"计划相关设施，都建在了远离发射台的地方。这样一来，即使发射台发生了灾难性的爆炸，也不至于让美国人彻底失去按时到达月球的机会。

场地周围是一个用栅栏围起来的八角形大院子。一边是装煤油的大罐，另一边是装液氧的大罐——彼此之间尽可能地隔开。贮藏在垫层下面的是巨大的压缩氮罐，整个场地都是各种各样的化学物质、液体和气体。

"布景"完成了。尽管这些布景设施规模空前恢宏、巨大，但与即将到来的正式"演出"相比，这些"布景"就相形见绌了。

→ 这张正在建造过程中的39A发射平台照片，全方位展示了"阿波罗"计划的恢弘规模和复杂特性，摄于1964年。

登月计划

"土星五号"探月火箭的发射控制中心看起来和以前在好望角或其他地方建造的任何其他控制台都不一样。建筑本体与发射台之间相对安全的距离意味着控制中心不需要再被设计成为一个堡垒状建筑，建筑师和工程师们可以更加自由灵活地进行构思，而不只是局限于低矮的堡垒、碉堡或装甲冰屋等；在发射控制中心的设计建造方面，他们从本质上开了先河。与卡纳维拉尔角的其他设施相比，这座建筑代表了登月计划的神经中枢，它的设计师希望它能反映出一种恰当的"未来主义"精神：干净、有吸引力的线条、闪闪发光的白色表面和干脆大胆的细节。时至今日，这座建筑仍显得别具一格，充满未来感，与它的用途相互辉映。

← 宇航员阿尔德林离开登月舱，踏上月球表面，
　 摄于1969年。

在发射控制中心，每一枚存放在飞行器装配大楼里的"土星五号"运载火箭都被分配了专用发射室。每个发射室都有一整套设备和高速计算机链路，这些设备和计算机将从一枚探月火箭诞生之初就开始跟踪它，监控它的组装和检验，并最终指挥它发射，整个过程中，只有火箭伫立在履带拖车上的运输过程中时才会中断片刻。与飞行器装配大楼的装配港一样，三个发射室装备齐全，其中一个被保留下来以备将来使用。为了支持未来预计的高发射率，该装置是移动发射概念的一个关键部分，允许美国航空航天局同时组装一到两枚探月火箭，而其中一枚可以在发射台上发射。

　　"阿波罗土星五号"的发射室以前所未有的规模展现了发射操作的复杂性。大约有450个控制台监视着"土星"火箭和上面的"阿波罗"飞船系统，每个控制台都处理着数量惊人的数据。为了与建筑设计的精神保持一致，整个区域的布局有点戏剧化。一排初级技术监察员坐在主楼层大厅处，从主层大厅到最高层区域的阶梯式设计，让发射指挥官可以俯瞰下方所有部队。最高一层的玻璃壁龛能够为库尔特·德布斯和冯·布劳恩等最高级的贵宾们提供安静观看的场所。无数个独立子任务让每名技术人员都只专注于他们各自操作台上的信息，但悬挂在控制台地面上方的一块大型主屏幕，为现场人员共同关注的任务目标提供了良好的视觉显示。发射前的每个关键阶段，都伴有一个倒计时里程碑指示器闪亮显示。这些形式上的显示虽然不是绝对必要的，但这也在某种程度上为发射任务增添了些许传奇色彩，也更加能够培养奉献精神和团队精神。这些显眼的视觉显示元素还有助于向电视观众传达控制室的用途，如果只是一大堆相同的控制台，观众很难有身临其境的切身感受。当这个发射控制中心的场景出现在新闻上时，美国公众看到了这些宇航员的工作目标，其规模与所涉及的想象范围相媲美。

　　现场的每名工作人员在发射前都无暇顾及发射台方向的景色，他们会选择背对着外面的景色以免分散注意力，他们紧盯着面前的显示屏，当然如果他们需要一些关于背景或目的的信息，只需要瞥一眼在他们上方的主屏幕。一旦发射团队完成了他们的工作并为火箭清理完发射塔，位于休斯敦的任务控制中心就会接管佛罗里达的发射控制中心。这之后发射控制中心的技术人员就可以全体转身，在发射台上感受发射轰鸣的壮丽，此情此景简直是一种难以置信的奖赏。

"阿波罗"计划发射

一些从一开始就报道太空竞赛狂躁进程的记者们承认，在"阿波罗11号"发射前几小时，他们就已经厌倦了。在全国范围内，反对者、笑话和搜索社论纷纷谴责这项计划的巨额开支，谴责把人送上月球毫无意义。其中一些批评，与当年莱特兄弟因无用的飞机实验而受到"该死的傻瓜"的盲目批评如出一辙。然而，在其他方面，一些批评人士似乎有一定的道理。例如，西拉斯·阿伯内西牧师，他是贫困潦倒的十字军战士，曾带领人们向卡纳维拉尔角的大门进军，但当美国民众需要帮助时，他却只看到了这种令人痛心的不公正的公共开支。"阿波罗"计划是唯一可见的联邦计划，因此也成了不可避免的众矢之的。

反对者往往会问："为什么我们要花240亿美元去月球，我们明明有那么多这样或那样的项目可以去投资？"虽然这听起来很有说服力，但这是一个错误的二分法逻辑。考虑到国会联邦预算的复杂性，取消"阿波罗"计划并不仅仅是为与之相匹配的各种项目提供资金，每个项目都必须独立竞争。"阿波罗"计划面临的真正逻辑问题是："如果'阿波罗'计划能够证明今天的美国人可以做成任何事情，只要我们用心和努力去做，那么为什么我们没有选择投入同样的精力来解决我们的社会和其他问题呢？"这不是美国航空航天局的工程师们能够回答的问题，而是一个值得全国人民深思的问题。

"阿波罗"计划的目的是证明一个政治观点，不管美国航空航天局在轨道图中考虑了多少关于其引力特性的方程，月球在计划中更多的是作为一个象征而不是一个天体悬挂在天空中。诗人曾公开哀叹，宇航员和月球探测器将把情侣们灵感的传统灯塔变成一个单调乏味、布满灰尘和石头的世界。在沧桑巨变之际，人们往往看不清重新定义将会是怎样深刻的人类意义之一，甚至连诗人都无法用语言来表达它。

冯·布劳恩在发射前一晚发表了一席重要讲话。他注意到即将发生的事情可能会改变世界，就像哥伦布当年在欧洲地图未知的海滩上留下足迹一样。"当尼尔·阿姆斯特朗登上月球时，人类的最终命运将不再局限于我们眼前这已经熟悉了很久的大陆。"地图也将不再有边缘。

发射日当天，大约有50万人前往卡纳维拉尔角见证那历史性一刻。太空中心周围的空地上挤满了朝圣者的帐篷、露营者、拖车和睡袋。人们挤到水边，因为那里的码头能够延伸到离发射地点更近的地方。人声鼎沸的现场，双筒望远镜、三脚架以及各种各样的期待面孔随处可见。

发射前一天晚上，在巴纳纳河边露营的人群能够清楚地看到"阿波罗11号"。不像苏联那样把宇宙飞船当成隐藏在未知荒原中的秘密，"阿波罗11号"在世人面前敞开大

↑ 成千上万的民众，聚集在肯尼迪航天中心附近的海滩和道路上露营，前来见证"阿波罗11号"的发射升空。

门。"土星五号"的白色塔尖沉浸在探照灯的白炽光芒中，光束如天堂反射的光辉。火箭纵使伫立在十英里外的水面上，但那足够恢宏的尺寸，仍然可以让其被看得一清二楚。用双筒望远镜，你可以看到"U""S"和"A"三个字母在火箭一子级上依次排列，甚至可以数一数火箭侧面的星条旗条纹数量。这些美国元素，使得作为一名美国公民的你，顿时有种感觉，仿佛火箭上的那面星条旗就是你家门廊上悬挂的那面一样，这种感觉会让你觉得这艘不可思议的宇宙飞船与你有着某种联系。火箭上那闪闪发光的白而细长的锥形、精致的尖头和奇怪而鲜明的黑色斑纹，看上去简直就是对太空中星星的完美致敬。

发射当天，如果你有幸获准进入肯尼迪航天中心，你会经过数英里的人群，他们比以往任何时候都挤得更紧。观众沿途站在1号公路的两旁，所有的观景台都挤满了人，一直绵延至河边。彼时彼景，不禁让人回想起美国独立日当天，激动之情溢于言表，而即将到来的壮丽恢宏的火箭发射，更会不负众望。

发射现场共挤进了3 493名美国记者，同时，另有55个国家纷纷派出了媒体特使到现场进行发射实况报道。前总统林登·约翰逊也在当天列席现场贵宾席，他在担任副总统和总统期间就曾大力支持他的前任——约翰·肯尼迪（被刺杀）的太空计划。冯·布劳恩的导师赫尔曼·奥伯特教授和鲁道夫·内贝尔教授坐在荣誉席上。内贝尔在柏林建立的火箭模型场，就是冯·布劳恩所取得成就的早期发源地。"土星五号"火箭实现了冯·布劳恩的梦想，但同时也融合了他无法企及的创造力。美国不仅举全国之力，在资源和领导力方面，助力冯·布劳恩在太空中翱翔探索，更有着能够与冯·布劳恩惊人天赋相媲美的杰出的合作者们，一起创建出了工程世界里前所未有的最优秀作品——洛克达因引擎、格鲁曼月球登陆车以及其他所有在这次任务中使用的相关设施设备。如果将"土星五号"火箭比喻成人类的孩童的话，那他一定是冯·布劳恩的亲生孩子。有人传言说，人类在月球上即将出现的第一个脚印，很可能就会是冯·布劳恩的。但是自从佩尼蒙德之后，冯·布劳恩就明白了，一枚伟大的火箭只能由一个同样伟大的团队来创造。正是基于这种认识，他四处协调，将团队成员们从德国移民过来，给了这些人作为一名美国公民的无限可能，拼尽全力使他的团队团结起来。最终，"阿波罗"飞船研制团队的规模甚至远远超过了火箭团队的大家庭，要知道，这个火箭团队大家庭可是在美国各地、为数百家公司制造零部件的真正大家庭。前后总共有大约40万人参加了这个规模空前的工程项目。"阿波罗"计划能够实现全国上下一股劲，不仅是因为火箭团队及其指挥官，也不仅是因为那个曾夸大登月计划奉献精神的总统——约翰·肯尼迪的英明领导，更是因为，"阿波罗"计划是美国强大的经济实力和杰出的工匠技能的集中体现。总之，"阿波罗"计划代表了美国整体实力，足以应对值得全国上下共同努力的空前挑战。

尼尔·阿姆斯特朗和他的队员在载人飞船操作大楼里吃过早餐后，便在几名技术人员的帮助下穿上了宇航服，俨然化身为20世纪身披铠甲的太空骑士。三名"骑士"穿好装备后，乘电梯下到一楼，走过走廊，向在场的记者们挥手致意，然后登上面包车，前往39A发射台，去"骑乘"将搭载他们奔赴月球的"飞龙"。

早些时候，负责发射的团队就已经将推进剂从燃料箱中通过遍布绿色八角院的管道，输送至位于中心的发射台。

燃料经由橙色高塔上的管路一路向上，流经高塔上九支摆杆中的八支。这些推进剂源源不断地被注入"土星五号"，直到火箭的整个储箱不再空，而是几乎充满了海洋般汹涌的液体炸药。

在任务当天早上，满载推进剂的"土星五号"在发射台上伫立等待，迎接着尼尔·阿姆斯特朗、巴兹·奥尔德林和迈克尔·柯林斯的到来。它的金属外壳嘎吱作响，连接处发出嘘嘘声响，火箭周围漂浮着汽化的推进剂。箭体上结了冰，液氧的极低温度，透过所有层板，将空气中的水分凝结成冰霜。"土星五号"在系泊处蓄势待发。此情此景，冯·布劳恩的火箭专家清楚地知道，他们早期的努力现在已经变成了现实，取得了巨大的成功：眼前这台庞大的机器仿佛拥有了灵魂，好像一条盘龙随时准备飞向天空，是无数个个体的努力协同工作，最终给这台机器赐予了生命和力量。

宇航员们乘坐直梯缓缓上升直至塔顶，"土星五号"的各段子级随之滑过。这一切远没有结束。迈克尔·柯林斯坐电梯时，想起了有人曾偷偷告诉过他，据说火箭的第二子级是最为薄弱的风险环节。令格斯·格里森和他的机组人员发生灾难意外而丧生的指挥舱，就是北美航空公司建造的。在"土星五号"测试过程中，唯一发生的灾难性破裂子级，也是由北美航空公司建造的。同时，他们还建造了"阿波罗13号"服务舱，但迈克尔·柯林斯不知道的是，这个服务舱也很快就会在太空中爆炸。"阿波罗"计划中唯一会发生灾难性失败的主要部件居然都是出自同一家公司。而恰好就是这家公司，制造了刚刚从迈克尔·柯林斯身边滑过的，那个巨大的火箭第二子级。这使得人们害怕得哪怕只是坐电梯经过它，都不禁会问：难道经过这里应该发出这么大的噪声吗？但是在整个实际过程中，根本没有让人感到恐慌的余地，每个参与工程的人，都像上了发条似的，不停地做着相应练习。

宇航员们最终到达了发射塔的第九个摆杆的高度，穿过笼状的舷梯，登上了等待他们已久的宇宙飞船。在最后的门槛处，那个白色房间里，古恩特·温特送给尼尔·阿姆斯特朗一把超大号的"通向月球的钥匙"作为离别礼物。宇航员们只能通过他们穿戴的玻璃泡状的头盔大声说话。

古恩特·温特和他的团队有条不紊地把这三个人送入了狭小的"阿波罗"太空舱。尼尔·阿姆斯特朗的妻子简和他的孩子们在不远处的船上观看着这一切。

当最后的收尾工作人员撤离后，尼尔·阿姆斯特朗用一把特殊的钥匙将逃生塔固定在太空舱上方。逃生塔的火箭威力足以在发生爆炸等意外时，将整个太空舱迅速推离下方的"土星五号"。单单是这一逃生塔，就比八年前艾伦·谢泼德研制的整枚"红石"火箭的威力大得多。在日新月异的美式进步过程中，原先被用于驱动整艘宇宙飞船的动力现在被用来驱动"土星五号"上的一个小的安全附件。

因此，当宇航员在进入太空舱或者收尾工作人员尚在白色房间里时，一旦逃逸塔被意外触发，都会导致不可挽回的灾难性后果。也正因如此，直到尼尔·阿姆斯特朗转动钥匙逃逸塔系统才会启动。对约翰·格伦来说，他们为了打开系统而撤掉了龙门吊架，因为他们担心可能会不小心爆炸。然而，在尼尔·阿姆斯特朗长长的"阿波罗11号"安全检查清单中，转动钥匙只是其中的一项而已。

从水面上看过去，"阿波罗11号"下面冒出火花，紧接着从导流槽里冒出了滚滚白烟。雨淋消防系统喷出的水流汇聚在一起，仿佛龙在呼吸一般。经过约六秒钟，推力

↑ 在执行"阿波罗11号"首次登月任务期间，"阿波罗11号"指挥长尼尔·阿姆斯特朗，带领着巴兹·奥尔德林和迈克尔·柯林斯两位宇航员，从载人航天器操控大楼准备登上摆渡车，前往39A号发射台，摄于1965年。

↑马歇尔太空飞行中心正在研制的巨型"土星号"运载火箭,使得早期的"朱诺号"(左后)和"水星红石"火箭相形见绌,摄于1961年。

逐渐积聚,越来越大,喷涌的白烟逐渐上升,然后脱插挂钩松开。

从贵宾看台上,观众能够看到整枚火箭慢慢地向上升起,在朦胧的白雾之中逐渐腾空而起,之后感觉到巨大的声音奔向而来。你能感觉到声音仿佛在向你游来,像一支骑兵队伍穿过水面和沼泽一样,声音由远及近、由弱变强,直到像地震一样发出巨大的震动轰鸣。当声音传达到发射塔时,"土星五号"已经飞过发射塔。地面随之晃动,你的衣服也在你周围晃动,震动射穿了你的全身。如同鲤鱼跳龙门般,冉冉升起的"土星五号"燃烧着的尾部发出明亮而刺眼的光芒,就像电焊工的喷枪一样。从三英里外就能感觉到这雄伟的力量和热量。1 093 ℃的火焰以4马赫的速度向外喷射,撞击着大地,冲击着卡纳维拉尔角,在噼啪作响的元素狂怒中朝着空气咆哮。引擎以惊人的每秒烧掉15吨火箭推进剂的速度,将喷涌的推进剂激流演变成令人惊恐的火焰,就像太阳从火山喷发出来一样。

三名在"土星五号"驾驶舱内忍受着强烈震动的宇航员,随着火箭的升起,离开了自己所在的世界。在地面上,

太空之门:肯尼迪航天中心

当火箭升上天空时，参观的人群对他们所看到的景象感到惊奇。"从真正意义上说，"约翰·肯尼迪曾说过，"登上月球的不只是一个个体的行为，而是整个国家的行为，因为是我们所有人的共同努力，才把他送到那里去的"。人群充斥着紧张的情绪。虽然这不是第一次有人搭乘"土星五号"飞入太空，但这次却大不相同，因为这次宇航员们要去的，可是月球。《生活》杂志记者劳登·温赖特和其他人一起观看了"阿波罗11号"的壮观升起，他称之为"历史上最伟大之旅的震耳欲聋、令人瞠目的开始"。"阿波罗11号"在4秒内即完成了从0到60迈的加速，自此之后，它只会变得越来越快。五个主引擎以惊人的马力轰鸣着。火箭在发射后几乎立即执行了它的"滚转和俯仰"姿态调整计划，巨大的"土星五号"凭借它的四个可移动的舷外发动机来实现上升过程中的转向和倾斜，以便安全地离开发射塔。当它上升的时候，它在天空中划出一道弧线，然后向大西洋上空飞去。在飞行的第2分42秒，火箭几乎是水平躺着的，以煤油为推进剂的第一子级此时已经完成使命，爆炸螺栓将会切断它，第二子级会接力点火工作起来。这正是19年前"保险杠8号"发射时要测试的操作，当时它就在海岸附近不远的地方。这就是未来，这就是通往月球之路。第一阶段，废弃，下降42英里，并落入大西洋。冯·布劳恩曾想建造回收系统，因为主引擎造得太好了，可以重复使用几次，但"阿波罗"计划为了能够赶在最后期限之前完成任务，可重复使用的设计需求就不得不被忽略了，以便让"土星号"系列火箭能够顺利出厂。"土星五号"在它的第二子级飞行阶段继续向前加速，逐渐地超过10马赫，然后超过11马赫。进入太空轨道不是为了达到一定的高度。你甚至可以直冲117英里，但那样的后果就是从高处跌落下去，就像冯·布劳恩的V-2型导弹在白沙导弹试验场上试验的那样。进入太空轨道实际上是要达到一定的速度，这也就解释了为什么"土星五号"在发射后不久就倾斜了，加速到17 000英里/小时的轨道速度。当你处于如此之快的速度下落时，就会绕着地球转一圈。你仿佛一直在"下落"，这就是轨道失重的感觉。宇航员保持完美的专注，驾驶他们的精密飞行器，感觉着时间仿佛凝固于瞬间，就像他们在一个摩天大楼电梯里的电缆突然被切断一样。

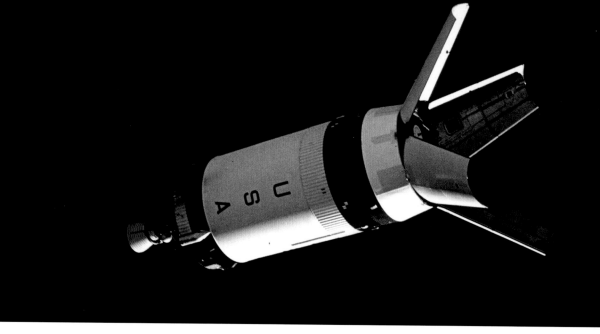

↑ "阿波罗7号"任务期间，"土星五号"第三子级上的登月舱整流罩处于完全打开的状态，摄于1968年。

→ 在这个标志性的图片中，宇航员哈里森·施米特在月球上插上了美国国旗。地球出现在美国国旗正上方的太空中，摄于1972年。

　　火箭第二子级与第三子级的过渡阶段，只需要很少一部分燃料消耗，航天器就可以进入近地停泊轨道。在飞船系统检查期间，火箭的第三子级处于关闭状态，直到任务控制中心批准，才会重新对三子级进行二次点火启动。火箭的三子级将"阿波罗11号"从地球轨道上发射到月球上。在飞往月球的途中，驾驶员迈克尔·柯林斯做了一个芭蕾舞般的动作，把月球着陆器从车库里拉到登月舱顶上。圆锥形的车库像四瓣花瓣一样张开，露出精致的登月舱，它蜷缩在里面，两条支腿交叉。指令舱进入着陆器的上部对接舱口，然后随着释放的触发，弹簧轻轻将对接的航天器推开。火箭的三个子级都已经完成了他们的使命，接下来就是要靠这两个航天器在月球上着陆，完成月球旅行，然后把宇航员带回来。7月20日，尼尔·阿姆斯特朗踏上月球的第一步被全世界约4亿人观看，或许还有6亿人收听了他的广播。他说："这是一个人的一小步，却是人类的一大步。"不久，巴兹·奥尔德林也加入了他的行列，两人向美国国旗致敬，这是历史上最伟大的形象之一。尼尔·阿姆斯特朗在月球灰蒙蒙、尘土飞扬的表面上只待了2小时41分钟，因为美国航空航天局想要万事安全为先，谨慎小心。

　　每一次重返月球的任务都会停留更长时间，走得更远。这就是探索的使命：走得更高，走得更远，永远矢志于为全人类拓展新领域、拓宽新视野。美国航空航天局历史上

一共进行了七次探月发射任务，其中六次任务成功了。唯一失败的一次任务，是由于北美航空公司在氧气罐方面的沟通失误，"阿波罗13号"在通往月球的漫长征途中发生了爆炸，但宇航员们仅依靠着残存的一点氧气，通过采取一切可能的措施、坚持不懈的努力和临时的应急设备等，成功返回地面。"阿波罗12号"展示了精准点着陆的能力，成功着陆在距"勘测者"软着陆器探测器着陆点只有600英尺的预定着陆点位。"阿波罗14号"的使命是试图爬到月球表面一个大坑的边缘，但最终失败了。最后的三次"阿波罗"任务是最复杂和冒险的，使用一种叫作"月球漫游车"的电动汽车载着宇航员在月球表面行走数英里。随着经验的增加，美国航空航天局也逐渐大胆探索起来，他们赋予经验丰富的宇航员以更加困难和更有挑战的着陆任务。"阿波罗15号"降落在月球表面一座山脉远侧的一个山谷中间，着陆点的后方便是深深的峡谷；宇航员们爬上了山的一侧，看到了令人惊叹的景色。"阿波罗16号"在高地上探索了一个毫不起眼的地形，但"阿波罗17号"却降落在一片被陡峭山峦环绕的壮观平原的中央。在三天的时间里，宇航员吉恩·塞尔南和哈里森·施密特能够完成从一边一直走到另一边的太空行走任务，收集了完整的月球地质标本。在几次登月任务之间，"阿波罗"登月者们带回的证据，使科学家们得以解开月球的秘密，从而为地球的形成提供了令人震惊的新线索。除了"阿波罗17号"，还有两项任务也在计划之中。他们可能会到更为奇异的地方，可能在月球的远端，或者去探索不定期出现在月球某些地方的神秘和无法解释的光芒。然而，最后的"阿波罗"任务却被取消了，以取悦时任美国总统理查德·尼克松为代表的白宫官员们。理查德·尼克松总统拒绝参加"阿波罗11号"的发射任务，并亲自督办将前任总统约翰·肯尼迪批准的"阿波罗11号"项目废弃。"土星五号"火箭已经造好了，主要的费用已经产生了，但是最终火箭还是报废了。只有一枚"土星五号"幸免于废弃——而正是这枚火箭，成了探月竞赛的一个非凡结局。

→ 人们聚集在纽约街头，在"阿波罗11号"宇航员们游行穿过时，致以英雄般的欢迎与问候。

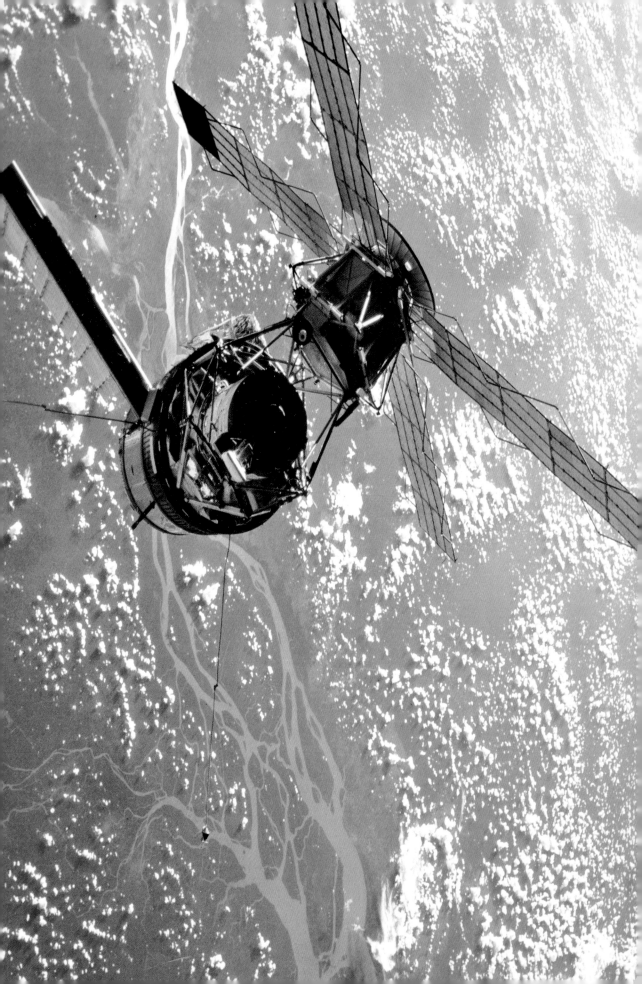

"太空实验室"和 "联盟"飞船

"土星五号"探月火箭最终的成就，是将整个空间站一次性送入轨道。冯·布劳恩曾提出过一个设想：利用废弃的火箭子级去建造一个空间站。他认为对于火箭的"IV型"子级，一旦燃料用完，那么将留下一个巨大的空罐子漂浮在太空中，为什么不能将这个空罐子填满空气，并把内部装修成空间站呢？这个设想的困难部分是将空间站的外围箱体发射到太空。一旦有了能容纳东西的外围箱体，那么就成功一半了。20世纪60年代中期，冯·布劳恩将这个大胆的设想写在了一张毫不起眼的废纸上。

←"太空实验室"空间站在太空中穿越亚马孙河谷，摄于1973年。

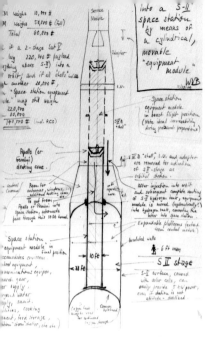

↑ 冯·布劳恩博士的这幅草图展示了他将"土星五号"第二子级发展成空间站的早期构想，摄于1964年。

→ 在发射前，"太空实验室1号"轨道舱正在飞行器装配大楼中，与"土星五号"运载火箭进行对接吊装，摄于1972年。

　　1973年，重达100吨的"太空实验室"空间站在飞行器装配大楼中被安置在"土星五号"火箭上。这一设计的最初设想是把一个废弃的在轨燃料储箱改装成一个空间站，而如今经过逐步演变，变成在地面上利用一个"干的"箱体去做一个空间站。在地面上建造空间站，而不是进行多个组件发射，节省了大量资金，让空间站能够更为高效地发射进入太空。它将拥有令人难以置信的可用体积，以及用于观测地球和太空的相应仪器和用于承载医学和科学实验设备的多层平台。"土星五号"惊人的载重能力使得这一切都成了可能。再无其他任何型号的火箭具备这样的载重能力，但当"阿波罗20号"登月任务取消后，一枚"土星五号"便空闲出来，冯·布劳恩立即将发射空间站的火箭选型从"土星一B"变更为"土星五号"，这也意味着巨大的经济投入具备了可行性。

　　正如冯·布劳恩所想象的那样，太空实验室的核心是"土星五号"的第三子级。通常来说，这一子级是将阿波罗飞船脱离地球轨道并飞往月球的关键子级。如果不去往月球，其实只需要火箭的前两个子级便够了，从这种角度上来说，第三个子级就可以变成有效载荷。这一载荷就是后来的"太空实验室"，同时为其增加了几个模块来拓展它的能力，而不仅仅是作为一个箱体来容纳几名宇航员。"太空实验室"将是一个有着使命目的的空间站，它将向地面传回大量关于地球下方和太阳上方的新数据，此外还有为了探索医学、生物科学和材料特性而不断重复的零重力实验的结果。"太空实验室"开启了一个太空探索新时代。

　　发射过程中产生的超声速气流的强烈冲击，撕裂了"太空实验室"的外壳和折叠着的太阳能机翼。实验室最初入驻的两名宇航员不得不对其进行修理，他们携带所需的部件和特殊工具登上"阿波罗"太空舱进入太空。修复工作非常成功，"太空实验室"自此成了一个堪称传奇的故事，记载了勤奋工作着的宇航员进行的不间断实验。他们用迄今为止最为精密的望远镜捕捉到了前所未有的太阳景象，包括一次令人震惊的喷发，喷发延伸到数百万英里外的太空。在"太空实验室"的三批次宇航员中的第二批次队员们，创造了至今仍无法匹敌的生产力记录。

→ 在"太空实验室"发射之前，由于39B发射台是为更巨大的"土星"登月火箭而建造的，"土星一B"需要通过发射支架来支撑其停放在39B发射台上，摄于1973年。

　　宇航员将搭乘剩余的"土星一B"火箭前往"太空实验室"。由于此前这些剩余的火箭主要是作为备份和测试用的，因此在这次发射之前从未被使用过。美国航空航天局给它们掸去灰尘，并在上面安装了全新的"阿波罗"太空舱，作为"太空实验室"的载人火箭。34号和37号发射台已经为发射"土星一B"运载火箭准备就绪，但由于两个发射台的维护费用是一笔巨额开销，因此美国航空航天局制订了一个更为经济的方式，即让34号和37号两个发射台保持在非激活状态，转而利用"土星五号"的备份39B发射台，来发射"土星一B"火箭。"土星一B"火箭在它自己的发射台上看上去还很高大，但到了"土星五号"的发射台上，就显得很渺小，甚至需要一个增高支架才能安坐在发射台上。美国航空航天局建造了一个类似"牛奶凳"的转接架，将这个较小的火箭提升到一个高度，这样它就

←宇航员查尔斯·康拉德，
 首次载人"太空实验室"
 任务的指挥官，在多重对
 接适配舱内的训练过程中
 检查一份操作清单，摄于
 1973年。

可以方便地从已经安装在"土星五号"发射塔上的一些连
接装置中获得推进剂。

　　39B发射台大部分时间都是作为备用发射台，处于闲
置状态。在探月任务中，只执行了"阿波罗10号"发射任
务。但在执行了"太空实验室"发射任务后不久便又成功
地将第一批"太空实验室"宇航员送入太空。拥有多个活
动发射台，美国航空航天局就可以进行这样的连续发射，
也使快速救援发射成为可能。在"太空实验室"计划中，
卡纳维拉尔角航天中心的地面工作人员，已经准备好了一
个可以安装在"阿波罗"号太空舱中的救援工具箱，以备
在轨道上的宇航员需要帮助时使用。救生舱可以搭载两名
宇航员进入轨道，将五人全部带回。但美国航空航天局如
今却并没有维持这种积极的备用救援能力。非紧急情况，
一般不发射第二架航天飞机用于救援，也正是因此限制，

"哥伦比亚"航天飞机在太空绕轨道飞行时,纵然怀疑其隔热系统已受损,然而美国航空航天局经理琳达·哈姆却说:"我们对此无能为力。"然而,如果换作老旧的"太空实验室",便能发射救援火箭去调查情况并确认损伤,让美国航空航天局找到解决方案。缺乏备用的救援发射能力也意味着国际空间站只能依赖少数的宇航员,从而无法完成更为高效的工作。但在"阿波罗"计划期间,宇航员的安全标准更高。当"太空实验室"任务指挥模块出现一个操纵推进器故障时,救援火箭几乎被紧急升空,虽然最终问题很快得到了解决,但重要的是,在当时拥有着太空紧急救援能力。

"太空实验室"计划是"阿波罗"计划之后又一个令人兴奋的太空探索计划,似乎标志着太空新时代的开始。国际空间站提供了大量有关地球和太阳的新图像。那些后来在航天飞机和国际空间站上反复进行的实验,几乎都是在"太空实验室"上首次进行的。"太空实验室"也让美国航空航天局的宇航员们对某些"正确的东西"有了大胆的尝试机会。第一批机组人员在空间站周围仔细飞行,调查太阳能机翼的损坏情况。他们发现一个不见了,另一个卡住了,半开着。为了解决这个问题,一名宇航员拿着一根有钩子的杆子,悬在舱外,他的同伴扶着他的脚,以便让舱外的宇航员尽可能地离帆板足够近,方便用力将帆板拉拽展开。空间站感觉到了他的拉力,并试图用它强大的陀螺仪来抵消这种影响。仿佛整个空间站都在奋力挣脱宇航员的抓拽。虽然最终帆板被一根金属带卡得太紧,不容易打开,但宇航员们会在太空行走时切断金属带来修复它。尽管如此,这只是一种凭借直觉和经验而非科学的处置方式,但却被吹捧得天花乱坠,仿佛是一次太空探险。这些传说中的"探险",唯一问题是公众从来没有欣赏或见证过"太空实验室",因为那里没有图片。从宣传的角度上讲,这个剧本拍得很差。虽然做了这么多的工作,却远比不上尼尔·阿姆斯特朗拍摄的那些标志性照片影响大。标志性图像资料的缺乏,导致历史上对太空实验室的严重低估,它值得更高的历史地位。这是美国第一个、唯一一个空间站,也是有史以来最好的一个空间站。后来历史上第一个版本空间站,最初是在1984年,由里根总统下令计划在10年内

完成的国际空间站（ISS），但到了1993年，克林顿总统又下令，这一国际空间站更大的意义是美俄国际合作的产物，而不单单是一个被发射进入太空的硬件载体。在经历多次推迟之后，第一批国际空间站宇航员——一名俄罗斯人和一名美国人，于1998年年底进入太空。而国际空间站上第一次有人居住则是在2000年，到目前为止已经严重超出了当年美国航空航天局数十亿美元的预算。与国际空间站相比，太空实验室绝对是"正确的东西"，它标志着美国航空航天局黄金时代的最后一次欢呼。

宇航员欧文·加略特在太空中围绕地球运转着的"太空实验室"舱外工作时情景，摄于1973年。

美俄合作

卡纳维拉尔角在历经多年的严格安保后，苏联人后来已能够将太空设施深度融合进总装测试大楼的核心地带，并有权限参与各项检查测试。这很大程度上是由于苏联人

↑这位艺术家的构想图，描绘了美国"阿波罗号"飞船与苏联"联盟"号飞船在太空轨道上的第一次国际太空对接。而实际上，真正的国际太空对接于1975年7月15日成功进行。

拥有了VIP徽章和安全通行证。这些可能在十年前引发军事反应的访客，在1975年得到了美国航空航天局热情的邀请。时代变了，美国航空航天局正在为第一次国际太空任务做准备。美国和苏联的宇宙飞船将在各自国家被发射到太空，进行空间会合和对接。在国际竞争成为探月竞赛的引擎之后，太空会成为合作的竞技场吗?这是一个大胆的想法。没有人知道它会把我们带到什么地方，但对于"阿波罗"计划的最后一次发射来说，这无疑是一次新的冒险。

"太空实验室"的救援火箭在最后一次任务完成后仍在等待。这块精致的硬件幸免于难，搭载了一名特殊的宇航员完成了"阿波罗"计划的最后一次任务：与苏联的"联盟"飞船进行太空会合。苏联和美国的"标准"太空舱将分别于1967年和1968年首次被送入太空。美国的太空舱能装三个人，而苏联的太空舱只能装下两人。自1962年以来，美苏两国太空官员就已经就国际合作、数据及月球样品交换等问题进行了深入磋商，但直到最后一发"阿波罗"登月任务执行前夕的1972年5月24日，理查德·尼克松才在莫斯科签署合作协议，标志着双方才达成共识。

美国的民众称之为"阿波罗-联盟"(ASTP)测试项目，而在苏联，则被称为"联盟-阿波罗"测试项目。随着超级大国的声望岌岌可危，两党在各方面都受到了平等对待。

在对接的宇宙飞船上，苏联宇航员会用俄语和美国宇航员交谈，美国宇航员会用英语回答。

在联盟飞船从位于哈萨克斯坦大荒原的发射基地发射升空进入轨道7个小时后，远在卡纳维拉尔角的美国航空航天局也进入发射倒计时。在"阿波罗"发射控制中心的3号发射室内，440名工作人员将"阿波罗"计划的最后一次任务从位于39B号发射台的支架上发射升空。那是1975年7月15日，经过两天的轨道机动和准备，两艘飞船接近了交会停泊处。

国际对接环

"土星一B"火箭通常会携带一个锥形适配器，与"土星五号"上放置登月舱的适配器是同一个型号。在瓦尔特·施艾拉执行的"阿波罗7号"任务中，"土星一B"火箭第一次承担了载人登月任务，但其中的"登月舱湾"是空载的，这部分原因是"土星一B"火箭还没有足够大的运载能力，同时将"阿波罗"太空舱和登月舱一并送入太空。在弗兰克·博尔曼执行的"阿波罗8号"任务中，由于登月舱尚未准备好，"登月舱湾"临时用压舱物作为配重代替。在"太空实验室"任务中，"登月舱湾"没有携带任何东西。对于"联盟"的任务，适配器子级多了一个独特的模块：一边是一个美国接口的对接适配器，另一边是一个新的"通用"接口，与苏联"联盟"飞船将承担的接口相匹配。对接舱的两个端口之间是一个气闸隧道，刚好有足够大的空间让两个人手握手一起飘浮在里面。"阿波罗-联盟"项目的设计目的是让双方的工程师合作，制造相互兼容的硬件，并在飞行中进行测试。空间合作也可能引出未来的联合任务。这次任务的核心硬件是国际对接环，这是此次任务的主要工程目标，即开发一个标准化的、通用的太空对接系统。标准化的设计将大大增加未来可能的合作选择。由于不再需要对航天器之间兼容性的关键点进行紧急设计，传统意义上难度非常大的国际太空救援也将变为可能。两国的工程师为"阿波罗-联盟"项目建造的设备成功了。时至今日，在国际空间站的所有端口仍然可以看到对接环的基本三瓣设计。在进入轨道后不久，阿波罗

→ 美国宇航员托马斯·斯塔
福德和苏联宇航员阿列克
西·列昂诺夫在从"阿波
罗"对接舱通往"联盟"
轨道舱的出入口处相遇，
摄于1975年。

指挥舱的飞行员就将飞船旋转了一圈，将它与车库里的模块对接，并将其从助推器子级拉开。现在他们来到了交会地点。

就像"阿波罗"计划一样，"阿波罗-联盟"这个项目的初衷纯粹是政治上的，其科学意义只是附带的。从政治角度出发的各类宣传媒体，对这次交会对接进行了铺天盖地的报道，但实际上，对接舱的作用远不只是充当一个管道接头而已。对接舱里面的空间被布置成为一个小型空间站，里面有各种各样的仪器和实验设施以供宇航员操作使用。在为期两天的时间里，宇航员们进行了实验，在各自的飞船周围互相巡视，分享食物，交换礼物。指挥苏联宇宙飞船的正是苏联太空英雄阿列克谢·列昂诺夫，他是1965年3月进入太空的第一人。

联合控制"阿波罗-联盟"任务，需要美苏两个航天任务控制中心不间断的协调，这是一项重大的挑战。通信也比过去更为复杂：超过一半的停靠飞船与地面之间的通信不会像往常一样直接联通，而是要通过一枚位于肯尼亚上空的地球静止轨道通信卫星进行转发。

在完成与苏联人的正式对接交流后，"阿波罗"飞船随即脱离了对接状态。高度机动的"阿波罗"飞船在距"联盟"飞船492英尺的地方执行绕飞任务，而绿色得像蚂蚁

↑ 美国宇航员托马斯·斯塔福德和唐纳德·斯莱顿在"联盟"轨道舱内，吃着苏联产的太空食品，摄于1975年。

一样的苏联"联盟"飞船则只能被动地待在原地。随后，"阿波罗"飞船与"联盟"飞船，根据两艘飞船和太阳的相对位置，联合进行了精确定位，在太空中制造了一次人工日食。但从地面上看，由于太阳光仍然照耀着大气层，遮蔽了日冕，阻挡了太阳的光带，地面人员看不出任何异常。但在太空中，如果你遮住太阳的圆盘，就能清晰地看到日冕。罕见的日食现象，以及它所揭示的关于太阳的一切，可以在太空中按指令进行人工创建，这是人类首次尝试通过这种方式来观察日食。这一"创建日食"实验是"太空实验室"太阳观测工作后续的有趣试验之一。在完成第二次对接以进一步测试相关程序后，两艘飞船便永久地分离了。

苏联人将在完成联合任务后48小时内返回家园，因为"联盟"飞船的最长任务时间只有6天。凭借更大的飞船和更强的能力，阿波罗号的船员又进行了6天的实验，并在其中的几次实验中进行了一些非常精确的太空机动。

伟大的空间站"太空实验室"此时仍在轨道上，但"阿波罗–联盟"飞船并没有飞上去访问。随着美国太空舱落回地面，"阿波罗"的时代也结束了。

第五章

航天飞机

航天飞机从外形上看，简直就是一个奇怪的组合——一个造型大胆的大型轨道飞行器，骑在一个捆绑火箭上。一名宇航员后来称这样的组合为"绑在子弹上的蝴蝶"。

寻梦之旅

"土星五号"火箭是迄今为止美国研发的运载能力最为强大的火箭。自2000年以后发射的大多数火箭，如德尔塔、阿特拉斯和泰坦等型号，虽然都起源于20世纪50年代末和60年代初，但经过多年的发展，它们的动力和效率与之前相比，已经不可同日而语。而相比之下，拥有巨大运载能力的"土星五号"逐渐淡出人们视野。理查德·尼克松下令美国航空航天局集中精力转型去重点研发航天飞机——一种新型的、能够从地面滑行起飞的火箭。尽管航天飞机的主引擎仍是由"土星五号"中间子级的引擎衍生而来，理查德·尼克松的相关政策遗产，带给美国航空航天局最大的改变是：它终结了人类的太空探索，同时开启了一段曲折的、耗费巨大甚至远超载人登月计划的新型太空计划。而由此新计划产生的宇宙飞船，只能在轨绕地球一圈，甚至都无法到达1966年"双子星座"双人太空舱的轨道高度。航天飞机工程中的妥协导致了14名宇航员在灾难性事故中丧生，同时也摧毁了2个价值20亿美元的航天飞机轨道器。在探索的过程中，整整一代人被理查德·尼克松那令人瘫痪的政策遗产所束缚，美国航空航天局甚至都忘记了探索的意义。然而，这一切却都始于一个充满希望的愿景，那就是航天工程师们一直都希望设计出一种可以重复使用且从长远角度运营成本远低于一次性航天器的大型航天器。

← "奋进号"航天飞机正在向位于39A号发射台的旋转和固定服务塔架转运，摄于2002年。

←← "企业号"航天飞机的原型机，正在被用于测试飞行和着陆动作，摄于1977年。

163

航天飞机的起源

与任何火箭一样，航天飞机的设计要求决定其发射场系统的建设。发射航天飞机的重任最终落到了肯尼迪航天中心的肩上，但航天飞机本身可能有多种形式，它甚至可能像飞机一样通过一条跑道滑行起飞，发射升空需要的是一条发射跑道而不是一个发射台。因此，直到航天飞机的最终设计定稿后，肯尼迪航天中心才开始准备适当的基础设施。

如今，航天飞机的形状对大众来说是十分熟悉的，由四种元素组成：航天飞机，确切地说，是轨道飞行器；装有高能液氢燃料的米色大外储箱；两个白色的固体火箭助推器。这种组合——也只有这种组合——才是真正意义上的航天飞机。航天飞机本身，从技术上讲，只有轨道飞行器，而且也只有轨道飞行器有名字，例如，幸存的"发现""亚特兰蒂斯"和"奋进"，以及失败的"挑战者"和"哥伦比亚"。

航天飞机的各个独立部件都是与众不同的，以至于它们看起来几乎是即兴创作的一般，看上去彼此之间毫无关联，仅仅是被细长的带子捆绑在一起。航天飞机的谱系解释了这种奇怪的组合。航天飞机，以及它的优点和缺点，可以从它的概念起源得到更好的理解，它的起源最早可以追溯到20世纪30年代。

冯·布劳恩航天飞机

一架三角翼飞机降落在泛光灯下，从太空返回，滑翔在美国本土的一条跑道上。它搭载了8名机组人员，刚刚将一件货物送入轨道，5 000万人通过电视观看了这一过程。那是在1955年，当时的节目是电视连续剧《迪士尼乐园》，冯·布劳恩正在向观众介绍他的航天飞机概念。在《太空人》这一集中，迪士尼和他的动画师们将冯·布劳恩几年前在《科利尔》杂志上首次引起公众广泛兴趣的美国太空探索愿景戏剧化地呈现在观众面前。

冯·布劳恩的航天飞机被设计成一个可重复使用的系

统，它的两个助推器子级都可以空降回海洋，从而进行回收、翻新和补充燃料。为了避免侵犯版权，在《科利尔》的画作中，迪士尼版本的航天飞机以三角翼为特色，而不是冯·布劳恩设计的拥有鸭翼和宽屏翼的航天飞机。三角翼的想法是由冯·布劳恩的朋友、太空科学普及者维利·莱建议提出的。然而迪士尼这一无心插柳的设计却与美国最终建造的航天飞机造型惊人地接近。

↑ 20世纪50年代，冯·布劳恩博士担任技术顾问，与沃尔特·迪士尼(左)一起制作有关太空探索的电视节目，摄于1954年。

↖ 冯·布劳恩博士和威利·莱伊博士(右)在迪士尼工作室，一起观察一个火箭模型，其中莱伊博士是一位畅销太空书籍的作者，摄于1955年。

X-15飞行器的可重用性

20世纪70年代初，当美国航空航天局在研究航天飞机的各种设计方案时，最接近最终航天飞机设计方案的是令人难以置信的X-15火箭飞机。当时，包括尼尔·阿姆斯特朗在内的很多试飞员都曾驾驶这艘外形怪异的黑色实验飞船，以6.7马赫的速度、67英里的高度创造过飞行纪录。试飞员们通过这些次飞行试验，为最终航天飞机的机翼设计奠定了基础。美国航空航天局最终采用了X-15的"机头推进器组件包"的概念，以操纵飞行在太空中的航天飞机。X-15的助推器是一架航空飞机，一架B-52轰炸机在一侧机翼下把它带到高空，然后在高空将X-15抛出。随后，X-15的主火箭发动机点火发射，将这艘黑色飞船以常人难以忍受的加速度送上太空边缘，这一过程的加速度是如此大，以至于即使是最强悍的试飞员也不得不承认，当飞行结束时，他们很庆幸。在飞行高峰之后，这艘飞船将在加利福尼亚的爱德华兹空军基地滑翔着陆返航。

这是众多方案中最接近现实的一种航天飞机原型。X-15，即"半空间飞机"，在美国航空航天局的一个机库中被迅速翻新，之后很快被送上太空开展进一步飞行。这样的效率给了美国航空航天局很大的鼓励，他们有理由认为这样的高效转换，在不远的将来就可以在航天飞机上实现。将航天飞机在某种程度上等效于成熟的X-15，给了美国航空航天局很大的激励，仿佛进入太空能够像航空公司一样便捷，而不再像"阿波罗-土星五号"任务那样，需要经历长达几个月的繁重准备工作。也正是因为X-15项目在服务便捷性和可重复使用性方面的突出表现，美国航空航天局预测在不远的将来，航天飞机也会有类似的表现。

动力滑翔器

20世纪60年代，美国空军迫切希望进入载人航天领域，所以他们重新提出了桑格的反足轰炸机的想法，并开发了用于火箭发射的单人太空飞机概念。当时的想法是把它发射到北极上空，在苏联防空导弹射程以上的高空轰炸苏联，再环绕世界飞行，在起飞后仅100分钟即可返回着陆。这架火箭飞机将采用动力滑翔的方式返回，因此该项目被称为"动力滑翔器"。再入大气层所产生的高热对于任何类航空飞机形状的空间飞行器都将是一个巨大的挑战，因此，空军以"资产"为代号，进行了一系列测试，即在卡纳维拉尔角，发射了一个形状像"动力滑翔器"船首的小鼻锥测试飞行器，以测试对超高音速再入热的反应，结果显示再入热所产生的温度之高，即使是钛壳的X-15也会被融化。

美国空军没有采取类似V-1带翼导弹的那种在轨道上的发射方案去发射动力滑翔器，而是听从了冯·布劳恩的

建议，将这架小型飞行器置于当时空军在役的最强火箭——改进型泰坦Ⅱ型洲际弹道导弹的正上方。但是单凭这一枚火箭，还不足以将这一小型飞行器送入太空，所以他们又在"泰坦Ⅱ型"火箭的两侧绑上了两个巨大的白色固体火箭助推器。固体火箭既便宜又强大，但相对危险且难以控制，也正是因为如此，固体火箭在有宇航员参与的航天任务中曾经是不被接受的，但空军的士兵们有愿意尝试的人。这种为"动力滑翔器"而专门设计的混合型运载火箭被重新命名为"泰坦ⅢC"。

然而，"动力滑翔器"却从未飞行过，这一项目最终被取消了，取而代之的是一个有着军事用途的、将在未来十年后飞向太空的空间站项目。纵然"动力滑翔器"没能飞行，但其中的混合火箭结构得到了美国航空航天局和美国军方的采纳，将作为一种稳妥而折中的设计方案，继续存在于未来航天飞机的设计中。美国航空航天局设想的航天飞机是用来将宇航员送入太空的一艘类似于航空母舰的空间平台，一旦部署完成后，航天飞机便会再返回地面基地。

↑ X-15 运载火箭首先被 B-52 飞机运载到太空边缘，之后不久便发射升空，为美国航空航天局和空军进行载人航天飞行提供了大量前期研究，摄于 1961 年。

对于美国航空航天局所设想的小型运载工具来说，当前这样的运载工具可能是负担得起的，但美国空军想要的是一架大得多的航天飞机，它可以承载更为大型、沉重的军事载荷，并具备执行"动态者"战略飞行计划的能力。纵然难度很大，但毕竟如果没有军事用途作为支持，国会就不会批准航天飞机项目。由于更大型的"军事规格"航天飞机自身就是一笔巨额开销，其所占用预算额度之大，以至于留给它配套的助推器预算捉襟见肘，甚至不得不以牺牲安全性能为代价，用最廉价的可用材料再进一步降低成本。就这样，一个基本配置很像"动力滑翔器"上的"泰坦Ⅲ C"助推器的航天飞机配套助推器，将出现在美国航空航天局的航天飞机下方——一个液体燃料助推器在中间、两侧各一枚固体燃料助推器加持。

"纳瓦霍"配置架构

冯·布劳恩于20世纪50年代提出的航天飞机设计理念，是将航天飞机安置在火箭助推器顶端，就好像在一根箭的顶端安装一个箭头一样。"动力滑翔器"也采用了同样的设计理念。但到了1972年最终确定实际航天飞机设计方案时，美国航空航天局却选择了著名的曾经失败过的"纳瓦霍"有翼导弹的设计理念。"纳瓦霍"计划已经证明，在火箭助推器旁边安装一个类似飞机的飞行器在技术上是可行的。

然而，那个最终为航天飞机而选定的"纳瓦霍"架构方案，实际上却将航天飞机置于了几种危险之中。与美国历史上任何其他航天器相比，这架精致的航天器距离潜在的火箭爆炸风险最为接近，甚至一点缓冲都没有。无论是主引擎、固体助推器还是外部液体燃料箱，一旦发生问题，轨道飞行器就都完全暴露在其周边，而不是安全地位于它们的后方。

考虑到这个极其危险的位置架构关系，航天飞机需要将安全措施做到极致。在过去的历史上，每一艘美国宇宙飞船都为宇航员提供了一个应急逃逸系统，其中最为可靠的是用于"水星"和"阿波罗"计划上的相应系统，逃逸

→ 这枚由三枚液体火箭发射升空的"纳瓦霍"就是"红石"和"丘比特"火箭的早期雏形，摄于1957年。

火箭在紧急关头能够从爆炸的火箭上分离开载有宇宙飞船的鼻头状载荷舱，并把它带到安全的地方。然而不幸的是，任何类似的逃生系统对航天飞机来说都太昂贵了。在最早期的几次飞行任务中，航天飞机上的弹射座椅都是只能为驾驶员提供发射后几秒钟内的逃生可能，而位于甲板下层的其他宇航员们没有任何可供紧急逃生的装置。航天飞机的宇航员们不得不依靠航天飞机的完美性能来保障生存。正如休斯敦航天中心的一位高级官员所说，航天飞机不需要逃生系统，因为它就是"为防止失败而建造的"。

早在航天飞机概念开发期间，"阿波罗"飞船的设计者之一麦克斯·费杰就在观察了航天飞机的固体火箭助推器后指出，在固体火箭助推器燃烧过程中，船体上任何有缺陷的接头都可能喷出高压火焰。他认为，更安全的做法是将白色固体火箭助推器的外壳整体组装起来，以绝对防止任何接头老化的可能。一体式的外壳体设计确实会更加安全，但这种设计在政治方面却是不被接受的。因为一个大型的整体外壳是无法进行长距离运输的，这就直接导致很多国际承包商无法参与竞标。为了向这些遥远的承包商开放这个项目，美国航空航天局被要求采用一种有几个独立的节段连接的壳体设计方案。

航天飞机在位于休斯敦的美国航空航天局载人航天中心的监督下，完成了最后的配置。携带三个主引擎的可重复使用的轨道飞行器，将与轻型舷外"油箱"并排飞行，"油箱"两侧是两个大型固体火箭助推器，它们提供大部分的早期发射段飞行动力。这确实是一个奇怪的组合——仿佛一个不知危险的大型轨道飞行器乘坐在一个混合动力的火箭雪橇上一样。一名宇航员后来称这样的架构设计为"绑在子弹上的蝴蝶"。而这个神奇的设计就是我们今天所熟知的航天飞机。

升级改造

一旦美国航空航天局明确了航天飞机的设计方案，肯尼迪航天中心就可以开始为新的飞行器准备相应设施了。通常来说，由于火箭发射有如此复杂和具体的支持需求，一枚新型火箭通常是需要一个新的发射装置的。所以，在过去的历史上，每次新的火箭出现，都需要为之建造一个新的发射台、一个新的装配大楼和一个新的发射管制台。这是火箭技术进步的巨大代价之一，然而这还只是一部分代价而已。但是，这次航天飞机的发射却不同，不再需要全新的发射配套设施，而是从重新配置的"阿波罗–土星五号"发射设施上起飞，就像当年"土星–B"火箭在其寿命后期为"太空实验室"和"阿波罗–联盟"号所做的那样。建设成本的节省是非常可观的，而"阿波罗"相应设施的经济再利用之所以成为可能，很大程度上是因为当年"阿波罗"计划建造时总是着眼于未来的。

在"土星五号"按计划改造的系列设施中，航天飞机在肯尼迪航天中心得到两个主要的新设施：一个特殊的着陆跑道和一个专用检验机库。这些都是航天飞机新增的需求。多年来，为了更精确地满足航天飞机的需要，人们建造了很多小型设施，包括用于固体火箭助推器加工、航天飞机主引擎维修和航天飞机隔热部件现场制造的设施设备等，但一直没有一个新的总装配大楼或新的发射台。

当北美航空公司努力建造航天飞机时，肯尼迪航天中心也着手为航天飞机的发射做相应准备。肯尼迪航天中心切断了"阿波罗"计划应用的发射塔与移动发射平台的连接，并利用这两个平台的一些部件在发射台上新建了一个永久性的脐带发射塔。工人们在"阿波罗"移动发射平台上拓展出新的安装孔，以容纳航天飞机上多出来的引擎装置。除了中间的孔洞外，每个固体火箭助推器也都有新的孔洞可以安置。

在发射台，人们新建了一个旋转的塔状结构，用以与主塔连接。这是"双子星座"计划中的斜塔的新版本，但区别是，这一旋转塔是水平旋转的而不是垂直旋转的。它用于服务"阿波罗"计划的移动服务设施，当它在发射台上时折叠起来时能够保护航天飞机，并为货物的垂直吊装提供整洁的空间。它在火箭发射前会与火箭分离，为发射升空让出足够大的空间。

飞行器总装配大楼新增了新型工作平台，这些工作平台能够对航天飞机进行包裹总装，就像原来的平台围绕"土星五号"探月火箭那样。发射控制中心被用来监控航天飞机的特定系统。

航天飞机掠影

从理查德·尼克松1972年的行政命令开始，航天飞机就被赋予了生命，这似乎是一种谨小慎微的尝试，以避免像"阿波罗"计划那样的充满戏剧性和振奋人心的样态。航天飞机的项目没有任何诗意的名字——它不会被称为"雅典娜"航天飞机或任何其他类似的经典参考。与水星、双子星座和阿波罗等传统航天计划相比，航天飞机这一项目将被直截了当地称为太空运输系统。在冯·布劳恩和科利尔的画作中，带有机翼的宇宙飞船通常都在机翼上面喷涂着较大的数字，仿佛在证明一个令人自豪和惊奇的事实：这些巨大的宇宙飞船远不止一艘，而且机翼上的数字能够让公众很容易就能分辨出它们。然而，航天飞机看起来是匿名的，两架航天飞机共同出现在一张照片里的情况只有过两次，而这并不是有意摆拍，纯属偶然。而且，所有的航天飞机甚至都没有聚集在一起拍摄一张"英雄照片"，以向公众展示美国太空舰队的惊人规模。这样的姿态并不符合航天飞机项目的特点。由于这种匿名性，公众总是对美国航空航天局到底有多少架轨道飞行器模糊不清。

与"阿特拉斯""泰坦""土星"等型号火箭相比，航天飞机的运载火箭只有乏善可陈的功能描述性命名——外部燃料箱和固体火箭助推器。在发射控制中心内，主屏幕和倒计时里程碑指示器随着时间的推移而被取消，因为那样的设计"太戏剧化了"，技术人员应该保持低调，而VIP玻璃房阳台却被粉刷一新。为了与这种低调处事的方法保持一致，新的航天飞机的宇航员们也似乎选择将他们自己匿名，除非某次重大灾难夺走了他们的生命，否则没有人会成为家喻户晓的名字。

在这些方面，航天飞机被定位为一个朴素实用的设备，而不是一个英雄进出太空的工具。它的目标是低调地、廉价地将货物运送至近地轨道。

尽管方方面面都限制了航天飞机项目的知名度，但事实却是巨大的宇宙飞船被建造并被发射升空，将最多达8名宇航员送入太空。区别于"阿波罗"太空舱在飞行结束后返回地球时无助地落向大海，航天飞机是在宇航员精确控制下，充满仪式感地从太空返回地面。从着陆到发射，航天飞机都是一个主要面向宇航员的宇宙飞船系统，它的运行操作体现了它自己独特的传奇色彩。

航天飞机

恢复、维护、准备、组装和发射，航天飞机轨道飞行器这一系列冒险行为，大多是在肯尼迪航天中心进行的。纵然航天飞机确实有能力在必要的时候备降在其他几个地方，而且也会定期地被运送到位于加利福尼亚州帕姆代尔的波音工厂进行主要的维护工作。然而，标准意义上的航天飞机全周期行为几乎都发生在肯尼迪航天中心。因为航天飞机是可重复使用的，所以这个循环并不是从发射开始的。对于肯尼迪航天中心来说，发射任务就是他们的使命和责任的终结。在完成发射后，休斯敦航天中心便会接管任务控制中心，指挥控制着远在太空中的航天飞机。对于肯尼迪航天中心来说，航天飞机的周期是从轨道飞行器的恢复开始，标志就是从下达航天飞机返程、在太空中向后旋转并启动制动发动机点火使其脱离轨道的命令开始。通常，这种制动发动机点火是在航天飞机飞至地球上距离佛罗里达另一边的地方发生的，距离计划着陆有大概一个小时的时间。下达返程命令之后，航天飞机会围绕着鼻头状机头旋转、机身微微抬起、逐渐下降。而此时，肯尼迪航天中心的地面小组也已经做好了充分的准备，每个人都仿佛触电般充斥着强烈的警觉意识，因为航天飞机即将归来！

← "发现号"航天飞机，正在与外挂储箱和固体
火箭助推器组件进行吊装组合，摄于2005年。

航天飞机返回着陆

梅里特岛上枪声四起，吓退了跑道上空的鸟儿，就像鸟儿们被设计成那样。这种欢迎仪式意味着人造卫星已经在逐渐接近地面，就像航天飞机独特的双音爆声响，表明它已在佛罗里达上空踏上返回地球的归途一样。航天飞机所飞掠过的地方，地面上的窗户都跟着嘎嘎作响。只有在最接近终点时，这架巨大的滑翔机速度才会最终降至音速以下。

轨道飞行器着陆场是世界上最长的跑道之一，在郁郁葱葱的卡纳维拉尔角上绵延了近3英里。近3英里的长度、300英尺的宽度，相比于标准跑道着实又长又宽，这样的规模基本上等同于航天飞机早期开发和试飞时所用的、位于加利福尼亚州爱德华兹空军基地德莱顿飞行研究中心的那些跑道。

当航天飞机在佛罗里达着陆时，它会在自己的专用跑道上着陆，这条专用跑道也被称为"航天飞机着陆设施"。早在1970年，最初设想是将老旧的降落滑道升级改造为航天飞机用的着陆跑道，但是美国航空航天局为航天飞机专门设立了一个全新的着陆点，定点位置距离梅里特岛上肯尼迪航天中心的飞行器装配大楼和发射台相比于老旧跑道都更近。该设施于1976年启用，远远早于1981年的第一次轨道飞行器发射。

航天飞机的混凝土跑道两侧各有50英尺的柏油路肩，每一端都有1 000英尺的路面溢层，必要时可以承受重达100吨的重量。从横截面看上去，跑道像屋顶一样呈尖顶，从中心线到边缘的坡度为24英寸，便于排水。在航天飞机着陆之前，会有一名专门的工作人员清理跑道上的外来物体或碎片，甚至有时包括爬上跑道晒太阳的短吻鳄。

美国航空航天局最初通过在跑道表面开槽来带走雨水，以提高飞行器着陆时的牵引力。这个想法是为了防止打滑的危险。这虽然是一个可靠的安全措施，但过高的牵引力在着陆时会对轮胎施加过度的扭矩，严重损毁轨道飞行器的刹车。此外，轨道飞行器的维修团队还注意到，这些凹槽就像一个巨大的奶酪刨丝器，把轨道飞行器昂贵的轮胎

↑在航天飞机着陆设施的15 000英尺长跑道上，向北俯瞰，摄于2004年。

上的胎面刮得很厉害，以至于1985年4月51-D任务结束时，他们发现有一个轮胎竟然爆裂了。为了规避这一问题，美国航空航天局先是尝试在航天飞机着陆区域外铺设排水沟槽，但到了1994年，发现仍然有很多轮胎存在明显破损的现象，最终他们不得不将整个跑道都填平。

在肯尼迪航天中心虽然只有一个这样的着陆跑道，但是根据着陆时接近的方向不同，这条跑道有着不同的名字。从西北方向着陆，它就是15号跑道，从东南方向着陆，它就是33号跑道。这些数字成了飞行员在各个方向着陆时所使用的标题缩写——150度和330度。航天飞机的着陆进场方向将视当时的风力风向而定，因为通常人们希望能够让一个滑行的轨道飞行器在风中借助额外的阻力而平稳着陆。

航天飞机经常会在加利福尼亚州上空的某个地方重新进入大气层，在美国上空划出一道靓丽的条纹，它上面的隔热瓦和其他热保护层能够保护它的铝内壳免受外面高温的伤害。大约在它穿过得克萨斯州和路易斯安那州边界上空的时候，这架宇宙飞船——现在严格意义上来讲已经是一架飞机——沿着两条长长的S形曲线倾斜而下，以释放其滑翔过程的超高速度，并帮助航天飞机进一步完成减速。大约在它穿过印度河上空的时候，航天飞机会进入亚音速

↑ "哥伦比亚"航天飞机在肯尼迪航天中心进行夜间着陆时的情景，摄于 1996 年。

→ "奋进"航天飞机在经历了 8 天的太空任务后，在 15 号跑道上着陆时，主降落伞完全打开的情形，摄于 1998 年。

状态，指挥员开始进行手动控制。飞船飞越肯尼迪航天中心的上空时，指挥员会控制航天飞机倾斜，以便航天飞机能够旋转滑翔，在大西洋上空盘旋，然后再回到卡纳维拉尔角海岸的上空，当它进入跑道时会自动切断自己的地面跟踪，就好像汽车在高速公路的旋转入口匝道上倒车一样。航天飞机的下降速度是如此快，以至于人们都戏称航天飞机为"带翅膀的砖头"。它以近20度的斜度向地面降落，比飞机降落时的坡度高出6倍多，甚至比下降的跳伞员还要快。如此高速下降的航天飞机不适合胆小的人驾驶。

地面微波扫描着陆支持系统能够告诉航天飞机它在最后接近跑道时的精确位置。虽然在地面系统的这种支持下，机载计算机能够自动地让飞船着陆，但是就像"阿波罗"登月舱那样，飞船的指挥官被赋予了手动控制这种关键着陆操作的选择权(总是被执行)。美国与苏联在航天器控制方面形成了鲜明的对比，后者通常习惯于让飞船听命于任务控制中心的命令，而不是让宇航员自己控制，只有在出现异常情况时，宇航员才会接管任务。

由其他宇航员驾驶的T-38追击飞机会从侧面靠近即将到来的航天飞机。下方的跑道出现在佛罗里达茂密的绿色灌木丛中，明亮的地面引导灯指示出正确的路线和确定适当的进入角度。在两英里外，飞船驾驶员会将机头向上拉，以每小时351英里的速度，使飞行器的腹部迎向前方，以便将飞船调整到一个更为温和的着陆姿态和速度。在离着陆还有14秒时，起落架就会向外摆动展开——这是因为如果再提前一点的话，起落架的空气动力阻力就会抵消掉更多航天飞机能够获得的升阻力。航天飞机的后轮会以每小时220英里的速度降落在跑道上，很快，飞机头部会急剧下降，依靠前起落架完成着陆。尾翼上的一个弹射装置会发射一个拖拽降落伞，散开的降落伞有助于进一步减缓航天飞机的速度，并在它沿着跑道快速滑行时使它保持直线不偏航。而航天飞机在速度降至大约每小时33英里时脱离降落伞，可以有效防止降落伞缠绕在发动机上，直到最终这架巨大的航天飞行器安全刹车并停止滑行。

刚从太空飞回来的航天飞机是不能像普通大型航空客机一样马上被人们接触到的。用于航天飞机的引擎、各系统和推进器里的化学物质和推进剂，都包含了大量可能污

染航天器周围区域的有毒毒素和爆炸性化学物质。氢气、肼、单甲基肼、四氧化二氮或氨,都可能漂浮在飞船周围,人一旦接近,严重的会窒息甚至发生爆燃。当航天飞机着陆后,由大约25辆特殊车辆和150名训练有素的人员组成的救援车队会从跑道旁的等候区涌出。这个团队会在飞船周围安装用来"保护"航天飞机的各种仪器设备。这些人员会充分检查是否有危险品泄漏,将燃料和有毒物质通过脐带连接到指定的排放地点后,才脱下他们的防护装备。净化空气会被泵入航天飞机,以清除和冷却其中的有效载荷舱和其他空腔。地面设备的连接能够让机载冷却系统关闭。在宇航员们将舱门打开、脱掉橙色压力服,并走出舱门之前,通常需要大概一个多小时时间。他们会经由一条被帘子遮挡住的斜坡通道走近宇航员专用转移车辆。任务指挥官,有时会由机组人员陪同一起,绕着他的飞船走一圈,在飞船离开之前进行最后的检查。

当宇航员们被送离航天飞机,去执行任务汇报时,回收人员会将一辆柴油拖轮车连接到航天飞机的前轮上,技术支持人员会登上航天飞机来代替原机组人员接管航天飞机的控制权。机上人员将安装相应开关保护装置以防止事故发生,并从任务实验中收集数据包。地勤人员同时准备

好所需的船舶，以便更为安全地进行地面运输，并安装好起落架锁销，检查船舶内外各系统。一直驻扎在发射控制中心发射室内的工程团队，会实时监测航天飞机各系统的数据，并发送命令，为航天飞机的处理做好准备。着陆后4小时内，回收队伍即开始将航天飞机利用拖船经由一条专门规划的水道拖离，沿途的水域充满生机，会有常见的白鹭和短吻鳄，甚至水里还会有海牛在畅快地游嬉。这一切紧张的忙碌过后，便又重归安静了。

降落在加利福尼亚州

位于加利福尼亚州的爱德华兹空军基地的跑道横跨广阔平坦的干涸湖床，为试飞员提供了舒适的操作空间和稳定可预测的天气条件。爱德华兹空军基地及其所辖范围内的美国航空航天局德莱顿飞行研究中心为航天飞机的发展和早期飞行提供了良好的着陆点。然而，虽然经过测试验证，这一着陆地点是可行的，但美国航空航天局仍然希望航天飞机能够直接飞回佛罗里达，因为在加利福尼亚州降落的成本实在是太高了——所需大概75万美元——同时还需要提升轨道高度，落地后，美国航空航天局还要将航天

↑ "亚特兰蒂斯"航天飞机
正在进入飞行器装备大楼,
以便在那里进行发射准备
工作,摄于2003年。

飞机放在两架专门改装过后的波音747飞机上,空运回肯尼迪航天中心。整个运输过程大概需要5天的时间,而且这一过程,还会将价值20亿美元的航天飞机暴露在多变而危险的天气或途中可能发生的事故危险之中。卡纳维拉尔角的恶劣天气可能会让航天飞机暂时在空中停留一段时间,但当航天飞机的电力和氧气供应不足时,美国航空航天局就不得不做出决定,让航天飞机备降在其他可行的着陆地点。

位于新墨西哥州的白沙太空港就是第二个备用着陆点,它的北鲁普跑道曾被STS-3用来进行着陆,但对于精密设计的航天飞机来说,其上面的缝隙会被这里的风沙所侵蚀,而这也让肯尼迪航天中心的清洁人员付出了昂贵的代价。因此白沙太空港只有在紧急情况下才会被应急使用。

在从备用着陆点返回佛罗里达的途中,经过改装而专用的波音747飞机因为驮载着重达100多吨的载荷,中途不得不多次停下来加油,这样几天过后它就会抵达肯尼迪航天中心的着陆点。一个重达115吨、被称作飞船吊装设备的特殊起重机早已等候在着陆场的大型停机坪上,准备将落地后的航天飞机从波音747上吊起并放到地面上。不管怎样,不论是航天飞机自己或依靠其他途径,在任务结束后,航天飞机总是在肯尼迪航天中心结束使命,并在拖车的牵引下离开跑道。

↑ 在"发现号"航天飞机上
加装了在再入大气层过程
中用来保护发动机并在着
陆过程中提供俯仰平衡控
制的襟翼,摄于2004年。

航天飞机发射的准备工作

航天飞机的返回在肯尼迪航天中心掀起了紧张的活动
周期,早已就位的技术人员接管了航天飞机,以确保它在
经历了一次危险旅程后能够重新回到安全状态,同时也尽
力为它的下一次任务做好准备。地面组装人员随后会接管
航天飞机及其配套助推器的组装工作,最后会将组装好的
组合体置于发射台上。尽管肯尼迪航天中心的技术团队已
经做了一百多次类似这样的工作,但是航天飞机的技术和
构造是如此复杂,以至于每一个这样的周期都包含许多极
其复杂的拆卸和重组工作。每一个准备周期都是按照载人
发射的高标准进行的。

航天飞机机库

和其他飞机一样,航天飞机也有存储和维护所用的机
库,但是在肯尼迪航天中心,并没有一个像"航天飞机机
库"这样简单名字的机库存在。美国航空航天局为航天飞
机专门设置的三个机库,相应地被称航天飞机处理设施。

每个机库都几乎是一个完整的"高湾"总装港。

最初，当航天飞机被设想为在其维护需求方面，或多或少可以同高性能军用飞机几乎相同时，这些机库被设想为非常类似于传统的飞机机库。但那只是在早期比较理想的时代，那个时候的航天飞机，经常被描述为能够在普通机场着陆，就像冯·布劳恩在20世纪50年代提出的航天飞机概念时所设想的那样。

当美国航空航天局完成最终的航天飞机设计方案并研制出成品后，最终呈现在世人面前的航天飞机变得非常复杂，与当初设想的那个可以在普通机场降落的飞行器截然不同。每次着陆后，航天飞机都要被拆解并重建，以确保执行下次任务时一切都能正常运转——这些操作要求决定了航天飞机的机库要远比一个普通机库复杂得多。

为了支持这些纷繁复杂的工作，航天飞机的维修机库塞满了精心设计的工作平台、起重机和服务设备等。当航天飞机在航天飞机处理设施里的时候，就被埋在密集的门架层下，几乎看不见。

靠近飞行器装配大楼的1号和2号机库之间由一个"低湾"连接。3号机库则与其他两个机库隔街相望，最初那里还只是一个用于航天飞机改装和翻新的设施，但最终升级成了另一个装备齐全的标准维修机库。这些复杂设施的"高湾"区几乎有100英尺高、150英尺宽、200英尺长。毗邻的"低湾"区容纳了电子、机械和电气设备，以及办公空间。

在着陆后的几个小时内，一架航天飞机会被拖到一个各项准备工作都已齐全的维修机库。机库里所有的服务平台都会被收回，蜷缩在29 000平方英尺的建筑两侧，为即将到来的航天飞机腾出空间。一旦航天飞机进入，机库门就会关闭，平台开始移动，把航天飞机包围起来。技术人员能够通过桥式卡车伸缩臂去接触原本无法触及的航天飞机部组件。

刚从太空发射回来的航天飞机虽然已经被回收工作人员清空了油箱，但它仍然是一个危险的机器。当它到达机库时，航天飞机仍然携带有部分残余燃料，这些燃料要么是有毒的，要么是易燃的，要么两者都是。此外，航天飞

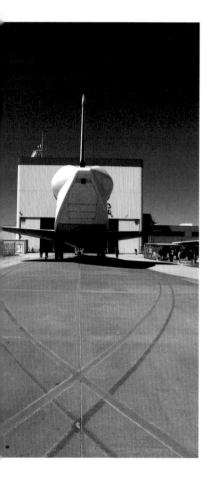

↑ "亚特兰蒂斯"航天飞机沿蓝色转弯路线指示，被拖入轨道飞行器处理设施，摄于2001年。

机还装有危险的火工品炸药,因此机库中的处理人员的首
要任务就是"保护"飞船。技术人员使用特殊工具和防护
装备,清除所有残留的燃料痕迹并拆除火工品爆炸物。只
有在完全安全的情况下,航天飞机才算得上真正意义的
"从太空归来"。而只有在这种情况下,航天飞机才能作为
一种惰性的载体,得到维护和翻新。

　　维修人员接下来要做的第一项工作就是移除航天飞机
货舱里的所有有效载荷,然后再重新配置货舱,为下一个
有效载荷做好准备。航天飞机的货舱不仅仅是一个大的开
放式货舱,它还为每个任务配备了特殊的附件和设备。维
修人员必须拆下针对上一次任务所安装的特殊设备,并为
下一个任务安装上相应的设备。两座30吨重的桥式起重机
使技术人员能够轻松地在机库周围移动重型部件。

航天飞机的处理

　　维修机库中的工作是极其纷繁复杂的,涉及了整个航
天飞机各系统的检查、测试和整修等多个过程。这一艰难
的处理过程需要一支庞大的技术人员团队来完成,平均耗

→ 在轨道飞行器处理设施中，工程师正在对"发现号"航天飞机前方区域的瓦片进行检查和更换，摄于2003年

时近七周，约为航天飞机两次任务之间的三分之二任务间歇期以上的时间。大部分地面处理工作是由波音公司和洛克希德·马丁公司的合资企业联合太空联盟根据合同进行的。

参观肯尼迪航天中心的游客可以在观光巴士里看到，每个航天飞机机库都包裹在一个像章鱼一样的巨型管道网络中。这个管道网络是紧急排气系统，它可以在高度有毒且易燃、易爆的推进剂泄漏的情况下对机库进行紧急疏散。

在航天飞机的机库中，可以进行一些常规的技术状态修改，适当地增加新技术组件，或是修复一些小的设计问题。但如果需要对航天飞机进行比较重大的改装工作，比如为航天飞机安装一个最先进的"玻璃座舱"等，这就要求航天飞机返回位于加利福尼亚州的帕姆代尔，也就是最初建造这些航天飞机的建造工厂。

即使是航天飞机刚从帕姆代尔工厂完成改装后再次运进航天飞机机库，它也会在机库中被彻底检查和完全确认一遍，以防帕姆代尔的技术人员和工程师们忽略了什么，这并非多此一举，因为这样的事情在过去真实发生过。推进剂管道会被再次清洗，引擎和助推器也将进行再次测试，24个主要的子系统都将逐步进行功能测试，甚至细小到用于给宇航员烹饪的微波炉和厕所的功能检查和测试。在这一系列系统功能和可靠性详尽检查过程中，不会遗漏任何功能项。肯尼迪航天中心有一个专门的航天飞机引擎测试车间，主引擎在被拉出航天飞机准备进行维修时，就会被送到就近的引擎测试车间开展维修工作。航天飞机的部分测试过程还包括了各系统的配电功能检查，这部分操作工作是由发射控制中心的控制台负责完成的。

"哥伦比亚"航天飞机在2003年的一次悲惨事故，残忍地证明了一个事实：航天飞机的外壳和隔热系统的完整性是至关重要的。这一系统不仅由民众熟知的陶瓷组成，同时还由十几种不同的材料配比而成。强化碳-碳复合材料被用来保护航天飞机的机头鼻头凸起部位和机翼前沿。黑色隔热瓦能够有效保护高热区域，白色隔热瓦则被用来保护中热量区域。每一块隔热瓦都形状独特，并拥有不同的目录编号。隔热瓦在更换之前是允许有一些磨损的。如何将这些隔热瓦片安全地附着在航天飞机机身上，一直是个困扰着航天飞机技术发展的难题，其最终的工程解决方案是：被人工用橡胶胶水黏上去。虽然隔热陶瓷瓦片是刚性的，但它们的固定装置是弹性灵活的，得以适应机身的热胀冷缩。隔热瓦片之间的缝隙可以防止它们在发射振动时产生"颤动"。温度较低的区域所覆盖的是较轻材料的隔热瓦，以便进一步节省重量，提高有效载荷能力。令人惊讶的是，就像第一次世界大战的双翼飞机一样，航天飞机的部分表面也覆盖着某种纺织物。在机身的某些区域，所谓的轻质隔热系统是由经过特殊处理的防火毡状材料组成，能够有效保护覆盖在其下的航天飞机铝制外壳。当航天飞机在机库里时，整个热防护系统会被仔细检查，以便其得到修复、防水处理或更换必要的元件。

当航天飞机为下一次任务做好准备时，就到了有效载荷需要装载的时机。对于大型水平载荷来说，如欧洲航天局的Spacelab微型实验室，其装载过程通常在航天飞机的机库中进行。对于竖直状态的有效载荷来说，如哈勃太空望远镜，则会被暂时装进一个垂直载荷容器中，待到转运至发射台上时，再以垂直状态被装载入航天飞机腹中。

当万事俱备，机库主管便会签字确认，航天飞机已准备进入太空待命执行任务的条件，航天飞机随即慢慢退出"高湾"装配区，缓慢地从机库转运至高耸在机库群中的飞行器装配大楼。在飞行器装配大楼中，航天飞机将实现从一个水平着陆的飞机向一个待命发射进入太空的宇宙飞船的华丽转变。

航天飞机的吊装组合

如同当年"阿波罗"飞船所经历的那样，航天飞机也被转运至飞行器装配大楼，就在曾经组装过"阿波罗11号"的同一个发射台，工作人员操纵着起重机，组装着组合体状态的航天飞机。曾经起重量达250吨的"阿波罗"时期的桥式起重机，现在已经被起重量达325吨的新式起重机取代。在这种装备的工业力量加持下，飞行器装配大楼中的工作人员能够轻而易举地移动巨大的航天飞机部组件，如同挪动玩具一般。毫不夸张地说，在整个吊装过程中，飞行器装配大楼中的起重机操作员是至关重要的。通常，起重机操作员会在一个位于巨大厂房顶部的小驾驶间里工作，在一队观察员的帮助下，执行整个吊装过程。每一名观察员都会从分布在飞行器装配大楼中的观察点位中挑选一个最佳的位置，去观察他们负责的某一操作过程。每一个观察员都十分小心谨慎，以确保起重机的吊装操作不会在这种怪异而复杂的环境中，意外地将任何一个部件撞到墙、大梁或其他设备上。

外部燃料箱

航天飞机的尾部有三个主引擎，但是你在飞船里找不到任何燃料箱来装这些引擎所需的燃料。进入太空需要大量的推进剂，以至于把航天飞机都装满也不够。助推航天飞机从地面进入太空的燃料箱是航天飞机组合体中的一个相对独立的部分：也就是那个航天飞机所"骑乘"的褐色大燃料箱，被美国航空航天局称为外部燃料箱。外部燃料箱会携带大约50万加仑的液氮和液氧燃料，而这些燃料，将通过安装支架中的管道输送进航天飞机的三个主引擎中。

外部燃料箱同时也能够起到航天飞机堆叠组合体的支柱作用，组合体所有的各大部件都与外部燃料箱相连，这就要求外部燃料箱无论在静止还是发射状态下，都必须承受这些负载重量。

外部燃料箱基本上就是一个巨大的空罐，其表面覆盖着的泡沫喷涂绝缘层，使它看上去有一种粗糙的质感。表面的这种隔热材料与日常五金店里提供的用于房屋墙壁的隔热材料有些类似。一开始它是一种芥末黄色，但随着阳光的照射，它的颜色会逐渐变暗，直至变成一种类似肉桂的颜色。这就是为什么外部燃料箱在不同的照片中看起来会有不同的颜色——它们所呈现的颜色取决于它们的拍照时机、在太阳下暴露的时间以及所处的天气环境等。只有前两个外部燃料箱被涂成了白色——从那以后就没有再涂了，这样能够节省大约600磅的有效载荷重量。

像所有火箭液体推进剂储箱一样，外部燃料箱里面也有两个相对独立的容器，分别装着推进剂配方的两个组成部分。前锥段装载的是液氧，而储箱的主体段装的是液氢燃料。美国航空航天局将外部燃料箱的大部分电子元件放置在两个燃料箱之间的空间里。外部燃料箱的樽领处是其最牢固的部分，航天飞机和另外两个固体燃料助推器都是通过挂钩与之相连接的。

对于航天飞机，外部燃料箱上有三个连接点，每个连接点的位置基本上同航天飞机的起落架相对应，一个在航天飞机的鼻头处，两个在航天飞机的尾部。其中位于机头部的支架连接点，主要用于将航天飞机固定在组合体上。位于尾部的两个托架，起到至关重要的输送管路作用，将

↑ 一个外部燃料箱正在被转运至驳船上，燃料箱之后将被带到位于新奥尔良的米秋德飞行器总装工厂，在那里，之前被用来防止燃料箱配件结冰的泡沫材料将被去掉，取而代之的是加热器，以此来降低泡沫材料对航天飞机的撞击风险，摄于2004年。

↑ 一个空的外部燃料箱与航天飞机分离后落入海洋的情形。

→ "发现号"航天飞机从轨道飞行器处理设施中，被拖运至飞行器装配大楼，准备从39B号发射台起飞，执行第25次飞行任务，摄于1998年。

外部燃料箱中的推进剂输送进航天飞机的主引擎中，以使之获得起飞推力。其他内置在这些连接托架内的还有电气连接、加压管道等管路，这些重要的功能也使得这三个支架成了整个外部燃料箱最为关键的功能节点。

外部燃料箱通过运输驳船运至肯尼迪航天中心，这些运输驳船都来自路易斯安那州米克豪德的同一家制造工厂，该工厂也曾制造过"土星五号"探月火箭的一子级。外部燃料箱通过运河被直接转运至肯尼迪航天中心的腹地，并在那里被卸载至一辆大型拖车上，再经由拖车陆路运输至飞行器装配大楼。之后，飞行器装配大楼里的起重机操作员会将外部燃料箱起吊至垂直状态，并将之储存在检验室中，直到组装航天飞机组合体时才会被再次推出。纵然长达154英尺的外部燃料箱是巨大的，但对于更为庞大的飞行器装配大楼来说，同时装下几个外部燃料箱都不是问题。

当一对固体燃料助推器被固定在移动发射平台上准备就绪时，即标志着航天飞机组合体的拼接工作开始。整个组合体的"脊柱"——外部燃料箱——随之被吊装至合适的位置，以便与一对固体燃料助推器匹配。两个固体燃料助推器分别位于外部燃料箱的两侧，并且只通过两个连接点相连，这是为了方便在其燃料用尽后与主体分离。

组合体的最后一个组成要素就是航天飞机自身了。通过吊臂吊起一架价值20亿美元的宇宙飞船，这种工作只有最被人信任的操作员才能完成。飞行器装配大楼中吊车操作员要经历非常严苛的岗位评估，即利用重达325吨的吊车吊起一支毡头笔，并在位于其下方约52层楼高的一个鸡蛋上写上一个X，同时又不能损坏鸡蛋。只有能做到这一点，才算具备待命执行任务的条件。

吊车操作员把吊锁固定在航天飞机两侧的连接托架上，将它从地面上吊起来。航天飞机的机头逐渐抬起，直到整个机身处于竖直状态。接下来，处于竖直状态的航天飞机将在空中移动至恰当位置，直至与外部燃料箱相接触。吊车操作员可以通过驾驶室看到下面发生了什么，这是一种能够看到悬挂在空中的航天飞机机头的独特视角。将航天飞机与外部燃料箱匹配连接的操作通常需要耗时5天左右。

当航天飞机组合体完成检验后，即交由早期曾执行过

多次"阿波罗"计划的履带拖车，来作为其移动发射平台。如今的"爬行者"履带拖车，配备有先进的运动激光对接系统，因此，它能够比以往任何时候都更精确地将其驮载的移动发射平台停泊在它应该在的位置。"爬行者"履带拖车的主人瑟斯顿·维克里一直密切关注着这艘3 000吨重、拥有庞大引擎的巨型"爬行者"，并要求他的司机们能做到精确无误。"如果有人操作有了半英寸的误差"，他说，"我就炒了他。"

飞行器装配大楼巨大的门缓缓滑开，航天飞机组合体从其中推出，开启了另一段搭乘履带拖车，沿着专用通道，朝着航天飞机发射台去的短途旅程。通常情况下，航天飞机组合体的转运过程是在夜间进行的，等到黎明时分，转运工作就已基本到位。

航天飞机发射台

任何航天发射台的主要功能都是为火箭的发射提供必要的燃料。对于航天飞机而言，这就意味着需要大量的液氧和液氢。发射台扮演着燃料库的重要角色，相关设备，将在点火发射前不久，将这些推进剂泵入航天飞机的外部燃料箱。

由两种成分组成的推进剂都是低温的，也就是说它们是由气体状态被冷却到液化状态储存的。低温储存需要特殊的设备来保持这些液体一直处于超低温度环境中——液氧需要低温至-297 ℉，而液氢要求的温度更低，为-423 ℉。液氧被储存在一个容积达90万加仑的球形容器中，液氢则被储存在发射台另一边的一个类似的85万加仑容积的容器中。为了保持低温，这些巨大的容器需要处于真空状态，因为真空状态比任何保温材料都能更好地降低热量传递。从储箱到发射台的整条输送管路都采用类似的真空套技术——虽然奇特但却非常必要的低温措施。建造一个完美的全封闭真空管路系统是一项极其严峻的工程挑战，尤其是在考虑到当零下300 ℃的液体喷涌而出时的金属管道的突然收缩等影响，难度可想而知。而火箭科学研究，正是为了能够从容解决这类问题而存在的。同时，液氢输送管道上的真空护套也可以防止管道周围的空气凝结成固体，这虽然奇怪，但却是真实可能发生的现象。

航天飞机推进剂加注工作一旦启动，整个操作必须迅速完成。因为外部燃料箱的泡沫涂层与厚重的真空保护储罐和加注管路相比，温度隔绝性较差，所以，被注入外部燃料箱的推进剂，每时每刻都在受热而气化，而这些气化的推进剂只能被浪费掉，因为在储箱按计划增压之前，内部气体必须被排放，否则整个储箱就会被撑破，如同大热天里被加热到爆开的气球一样。

主油箱的压力增高是非常危险的，可能会产生一系列非常严重的后果。航天飞机发射台上一个破裂的外部燃料箱，再加上搭载的航天飞机，一旦燃料箱里的液氢发生爆炸，其结果将会是灾难性的。为了防止储箱过压的危险，人们特地安装了专门的抽气系统来抽走蒸发掉的气体推进剂。气态的氧是完全无害的——实际上这些无害的氧气就以"白烟"的形式在发射前被释放出来，这种惯例自从当初在佩内明德发射 A4 型导弹的时候就开始了。无论是早些时候漂浮在火箭周围的"白烟"，还是如今漂浮在航天飞机周围的"白烟"，其实都是同样的、从燃料储箱中泄压释放出的氧气。

气态的氢也必须被释放掉，但不能在发射台周围进行，因为它会与散发出来的氧气混合，能够导致足以摧毁梅里特岛的爆燃。在航天飞机内部有一个像烟囱一样的高塔，它会将多余的氢燃烧掉，以确保这些可燃气体不会飘回航天飞机。燃烧产生的明亮的橙色火焰就像每次航天飞机发射前的火炬一样清晰可见。离航天飞机这么近的明火可能看起来有点令人担忧，但实际却是防止外部燃料箱过压和气态氢游离的保险措施。

预备燃料库在点火发射前，会源源不断地将燃料注入航天飞机外部燃料箱，以补充那些蒸发掉的推进剂。考虑到已经加注进入外部燃料箱的推进剂会大量蒸发掉，因此预备燃料库中低温储存的燃料，会比外部燃料箱的实际容积多得多。位于航天飞机发射架旁的液氧储箱，为了能够装满一个容积为 14.3 万加仑的航天飞机外部燃料箱，需要储存约 90 万加仑的液氧。

↑ 在抑声水系统中安装的新阀门测试中，39A号发射台释放了约35万加仑的水，以保护航天飞机免受声能的破坏，摄于2004年。

发射前，双泵会将液氧注入外部燃料箱的前锥部分。每个加注泵每分钟能够加注1 200加仑的液氧，流量相当于一辆重型消防车的主灭火炮。但对于液氢而言，根本不需要泵来输送。液态氢其实是一种处于极端状态的奇异物质，与我们熟悉的如水一般的液体非常不同。氢是宇宙中最轻的元素，所以它的液态也非常轻。一加仑水的重量是8.3磅，而一加仑液态氢的重量只有9盎司。液态氢也有一种极端的倾向，即通过毛细作用沿容器壁向上攀升。这就意味着液态氢会很快从试管里爬出来，自己沿着试管的侧面跑下去。这种特性意味着储罐中少量的氢气化就能够产生足够大的压力，推动轻质的液氢一路通过供给管道，进入航天飞机的外部燃料箱。而工程师们需要做的，就是打开一个阀门。

传输管路一直从储箱连接到移动发射平台，但与其他火箭通过脐带塔连接的方式不同的是，航天飞机的传输管路是通过两个位于尾部的服务桅杆接入的。服务桅杆是两根四四方方的灰色柱子，分别挂在航天飞机尾部两翼的两侧，就好像航天飞机上的汽车油箱盖一样。

左边的服务桅杆用来供给氢，右边的服务桅杆用来供给氧。推进剂穿过航天飞机机身，流经将航天飞机固定在巨大外部燃料箱上的安装支架，从有着黑色隔热瓦的下表面流出。液氢在支架点处即可流进航天飞机的内部储箱，但液氧需要一直沿着外部燃料箱外壁的导流管路向上，直到一个黑色弯曲帽处，从外部燃料箱的脖颈的中间处（即比鼻状区稍低一点的地方）流入内部储箱。大家从很多矗立在发射台上的航天飞机照片中，可以很容易看到露在外面的液氧传输管线和突出的黑色弯曲帽。

当外部燃料箱被填满后，它就是航天飞机组合体中质量最重的组成要素了。这个膨胀的油箱满载后重达824吨。它需要巨大的动力才能飞起，为此有五种不同的火箭引擎组合为其提供动力。

航天飞机宇航员的宿舍跟曾经的"阿波罗"宇航员的宿舍在同一栋楼里，也就是载人航天操作楼。宇航员们微笑着走出大楼，向媒体挥手，登上"太空车"前往发射台。由于航天飞机是竖直状态，因此宇航员们的安全带不得不由专门的技术人员帮忙系好。座舱内部，指挥官和飞行员坐在驾驶舱的上层前面部分，其他乘客则坐在他们的后面下层部分，也就是在航天飞机的二层甲板上。紧张的工作有序进展着，所有人都为即将发生的事做好了准备。

航天飞机的整体架构设计本来就很危险，因为在这种设计中，精密的航天器距离其引擎和强力的固体助推器非常近。为了缓冲发射时的冲击声，美国航空航天局在航天飞机发射台上安装了一个声音阻尼系统，主要原理是通过水来吸收发射时产生的爆炸噪声。在如此大量的发射中，所有的引擎喷嘴都会在点火前6.6秒启动，以便为发射增加原始的基本能量。这些引擎同时工作，能够引发堪比挪亚方舟传说中的滔天"洪水"。这些"洪水"通常会出现在几个地方：一是沿着航天飞机下方导流槽中的尾焰偏转器脊线方向喷涌而出的水；二是发射平台上，对接着引擎喷嘴的几个巨大过空处会涌出很多水；三是由六个"雨鸟"消防系统喷射出的足以淹没发射平台钢平面的巨量水流。消防系统的大型消防水龙带每分钟可输送重达整整一吨之多的水，而重型消防车上的消防水枪更是每分钟能喷射出1 000加仑的水。但与这些常规的相比，航天飞机发射台上的消防系统，每分钟能够喷射出极其惊人的90万加仑的水！在点火的那一瞬间，这些巨流量水能够淹没尾焰和爆炸冲击所波及的所有区域，此外，从发射台过孔中涌出的水，能够像垫包一样，为固体火箭助推器有效抵御大部分发射能量冲击。位于发射台旁边的水塔高达290英尺，便于喷射如此巨大流量的水流，容积高达30万加仑的储水箱，在仅仅20秒内便会用尽，水箱内部七英尺直径的管道是如此之大，以至于都可以乘木筏在其中通行。

当航天飞机刚离开发射台时，它不会面临来自声波能量的冲击危险。由于发射台附近所有的平反射面，以及火箭点火爆炸所产生的能量扩散锥的综合影响，声波冲击对航天飞机的影响，实际上是在航天飞机航行至300英尺高度时，才到达峰值。航天飞机只有在飞至1 000英尺高度后，才真正脱离安全威胁。

发射点火9秒后，航天飞机将以每小时100英里的速度飞过发射塔，缓慢地开始了它的"滚转程序"，又过6秒后，整个航天飞机开始加速旋转，并以恰当的方向进入飞行预计弹道。当约15秒的滚转机动临近结束时，航天飞机将以每小时188英里的速度开始上升，直至到达2 173英尺的高度。其飞行速度非常快，所产生的强大加速度几乎是把宇航员们"按压"在座位上。因此为了减少对宇航员们的压力，在上升28秒后，主引擎要降低三分之一功率，保持每小时394英里的速度上升至1.5英里高度。抖振气流所产生的动态压力随着加速度的不断增加而加大，直到大约发射51秒后达到峰值。此时，这也是航天飞机所承受的最大压力的时刻，就在它突破音障之后。当航天飞机爬升至高度较低、云层较厚的大气层之上时，其高度就已经超过了珠穆朗玛峰。这时，主引擎就可以重新调整功率，在发射59秒后，将以发射时104%的功率全速前行。

与主发动机相一致，每个固体火箭助推器也会根据预先设置在白色长套管内部的推进剂芯的形状（从横截面看去，呈星状结构）变化而改变其燃烧速率，从而改变其推力大小。当早期推进剂星状结构的顶点处燃烧时，由于推进剂的暴露面积较大，因此能够再引发更快的燃烧速率，当顶点处燃烧完结后，推进剂暴露的面积就会逐渐下降，推力也随之降低。

整个全力冲刺的过程持续1分钟左右，将使航天飞机的速度提高两倍，达到每小时159 670英里。宇航员们将以3.77马赫的速度飞行，此时，他们的速度甚至比一颗来复枪的子弹还快。

当到了126秒时，固体火箭助推器上的爆炸螺栓将会引爆，切断它们与外部燃料箱的两个连接点。同时，侧面推力器也会启动发射，将这两个白色钢瓶（固体火箭推进器）推离航天飞机。分离后，两个固体火箭助推器开始缓慢翻滚。它们将沿抛物线先上升一段，最后从大约16万英尺的高度落回地球。固体火箭助推器最终能到达的高度只有整个进入空间最终高度的五分之二左右，所以它们会直接下降至地面，不会面临再入大气层的问题。它们能达到的最快速度接近4马赫，但这和航天飞机最终达到的22马赫速度相比简直是小巫见大巫。像22马赫这样的高速能够在大气中引起燃烧，但在低于4马赫的速度下，固体火箭助推器会翻滚并很快开始减速，之后一系列的降落伞也会帮助它们完成减速，最终安全坠入大海。两艘配备有潜水员和潜水器的专用船只，将到指定海域回收这两枚空壳固体火箭推进器，回收后，这两个空壳固体火箭推进器会被运回至它们的制造商，在那里完成拆卸、翻新、重新装载后，再返回肯尼迪航天中心，以备重复使用。

这之后，航天飞机将开始燃烧外部燃料箱中的液氢，依靠它的三个主引擎所产生的动力前进。再过两分钟，宇航员们就会通过美国航空航天局所说的"负返回点"。

在之后的四分半钟里，主引擎持续工作，将消耗外部燃料箱里约383 066加仑的氢燃料。最后在发射后8分33秒时，外部燃料箱几乎耗尽，主引擎也随之关闭。此时，这艘太空飞船会以令人难以置信的约每小时17 498英里的速度在73.5英里高空中行进。自与固体火箭推进器分离后，航天飞机的速度增加了每小时14 000英里之多，这就是高能燃料——液氢的重要作用。

从本质上讲，其实是固体火箭推进器将航天飞机从浓密的大气层推升至稀薄的空气环境中，而到了那里，航天飞机才开始倾斜，以便让主引擎工作，直至加速至进入太空轨道所需的速度。

↑ 俄罗斯宇航员在其所在的"联盟"飞船拍摄到的这一有趣影像，显示的是一架航天飞机正在从俄罗斯"和平号"空间站分离的过程，图片右下角可以看到地球弯曲的轮廓，摄于1995年。

再过6秒钟后，主引擎完全关闭，此时就不再有推力。宇航员们仍会继续增加高度——增加约4 000英尺——以降低一点速度为代价。现在，他们终于进入轨道了。此时，外部燃料箱已经完成了它的使命，空壳的它现在已成为累赘，就如同在发射后8分51秒的固体火箭推进器那样，到应该被抛弃掉的时候了。与航天飞机分离后，外部燃料箱便开始坠落，并会有意让它翻滚，这样有助于在它再入大气层时被撕裂成碎片，落入印度洋或太平洋的偏远地区。当外部燃料箱分离后，航天飞机就会开始使用它自身的微型机载燃料箱。

发射中止

自从宇航员们在卡纳维拉尔角第一次进入航天飞机太空舱的那一天起，他们似乎命中注定就要面临着被困在一架失控飞船里的危险。众多危险中首当其冲的便是宇航员们在发射台上被困在一个密闭太空舱内，而周围都是极易燃烧爆炸的燃料，一旦发生火灾或者爆炸，航天飞机自身或是发射台上的相关设施都可能会造成致命的危险。而且当火箭点火发射后，在高速奔向太空的过程中，如果飞船出了什么问题，宇航员再也不能像飞行员那样简单地"跳伞逃生"了。

航天飞机的前四次试飞中，其实是包括了对两名宇航员弹射座椅的功能测试，弹射座椅可以将宇航员从航天飞机座舱顶部的分离板中发射出去。然而，在验证飞行完成后，弹射座椅却被移除了，这是因为在发生故障时，下层甲板上的乘客座椅由于上层甲板遮挡的缘故而无法弹射。"阿波罗13号"的宇航员吉姆·洛弗尔非常清楚在火箭上发生事故的真正危险，他也正是那些批评航天飞机缺乏发射逃生系统的人员之一。然而，最终由于经费限制，弹射座椅还是被取消了。

1986年，"挑战者"航天飞机发射后不久就发生了爆炸。当时，极端寒冷的发射条件，使得固体火箭助推器的各个O形密封圈都相应收缩，最终导致明火意外进入外部燃料箱内部。由此产生的氢气爆炸绝对是灾难性的，但是一个能够与"阿波罗"宇宙飞船发射逃逸系统相媲美的航天飞机发射逃生系统本可以拯救这些宇航员，就像曾经，这一系统在1961年保护了"水星"太空舱免遭"阿特拉斯"火箭爆炸影响一样。"挑战者"航天飞机的宇航员舱所幸在爆炸中完好无损地幸存下来，其中有三名宇航员在爆炸发生后手动打开过氧气供应，也证明了当时他们曾逃过一劫。然而，他们却被困住了，完全无能为力，徒劳地坐在舱内下降了2.5分钟，最终以每小时200多英里的速度坠入大海。这种可怕的经历是错误地只考虑经济而不考虑安全的代价。人们可能会认为，在海底发现了完好无损的宇航员舱，以及宇航员在爆炸中幸存下来的证据，会促使设

↑ "哥伦比亚"航天飞机的航天员们，在他们前往 39A 号发射台进行模拟发射演练时，向人们挥手致意。从左到右分别是：伊兰·拉蒙、卡尔帕娜·乔拉、迈克尔·安德森、大卫·布朗、威廉·麦克科勒、劳雷尔·克拉克，以及担任本次飞行任务指挥长的里克·赫斯本，摄于 2002 年。

计师对航天飞机进行重大的优化设计。但是，由于航天飞机的设计实在是太紧凑太彻底了，没有任何可拆卸太空舱的优化空间，无法像"阿波罗"太空舱那样，一旦发生危险能够被拉到相对安全的地方。这也就意味着，航天飞机不会大规模更改设计，继续以"无发射逃逸系统"的设计状态参试发射。

最初，冯·布劳恩的航天飞机设计概念是把航天飞机放在助推火箭的顶部，就如同"水星""双子星座"和"阿波罗"太空舱的位置那样。这样的位置设计，能够使精密珍贵的载人舱在一旦发生灾难时，能够像传统的太空舱那样，脱离其下方的火箭，远离主助推器的爆炸冲击。然而不幸的是，航天飞机的最终设计是将轨道飞行器放置在了爆炸最猛烈的地方。在超声速气流的冲击下，外部燃料箱上任何可能的脱离碎片，都会造成巨大潜在危险，而"背负式"的结构设计正是把航天飞机暴露在这种危险之下。如果"哥伦比亚"航天飞机采取冯·布劳恩原先设想的结构设计方案——航天飞机置于助推器上方，那样它就不会面临在再入大气层时泡沫撞击的致命风险。然而，这次致命的失败却好像泡沫只是简单地破裂而已，并没有引起多大的波澜。

"阿波罗 1 号"的灾难让美国航空航天局下定决心，要对"阿波罗 2 号"太空舱进行全面重新设计，使其成为有史以来最安全的宇宙飞船。甚至到了航天飞机时代，"阿波罗 2 号"太空舱仍然是当时有史以来最为安全的宇宙飞船。我们无比希望，在不远的将来，美国航空航天局能够重回"阿波罗"时代的高标准严要求，而不是一味地继续着那些曾在航天飞机项目中做出的种种妥协。

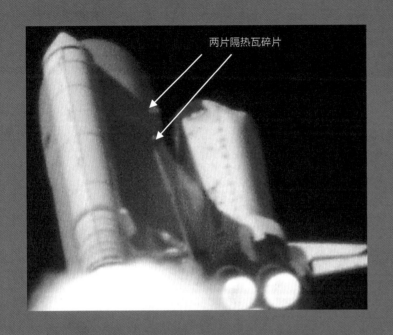

两片隔热瓦碎片

← 这张低分辨率的照片显
示，在发射后大约 80 秒
左右，来自外部燃料储箱
的绝缘泡沫，撞击到了
"哥伦比亚"航天飞机的
机翼前缘，导致了隔热瓦
的损坏。而事实证明，在
航天飞机返回大气层的过
程中，隔热瓦的损坏是致
命的，摄于 2003 年。

↓ 工人们试图重建"哥伦比
亚"航天飞机的底部，摄
于 2003 年。

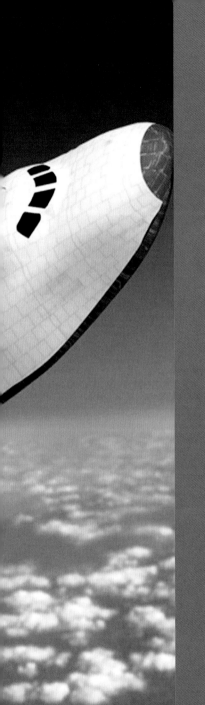

第六章

超越航天飞机

一项引人注目的总统倡议，开启了卡纳维拉尔角的又一新纪元。新一代的太空探索终于初具规模，而卡纳维拉尔角也为此做好了充足准备。

卫星探测

在卡纳维拉尔角，相比于载人航天发射任务，非载人航天发射任务数量上更多。非载人火箭通常会携带着用于商业通信、科学研究和军事侦察的卫星，以及被派去侦察小行星、彗星、火星和外太阳系的太空探测器等载荷进入太空。在卡纳维拉尔角，这些非载人火箭统一被称为：一次性运载火箭（ELVs），这些火箭在大小和运载能力上有着详细的谱系划分，能够与所搭载的载荷完美匹配，不额外浪费多余的运载能力。几个不同的承包商负责制造这些非载人火箭，其中领先的巨头主要是波音公司和洛克希德·马丁公司。这些承包商在美国空军的许可下在卡纳维拉尔角操作着他们的发射台，并为商业、美国航空航天局以及军事客户提供相应载荷发射服务。如今的大多数非载人火箭都可以追溯到20世纪60年代甚至50年代。因为开发一套全新的运载火箭系统代价非常高昂且风险巨大，因此很多成功的火箭系统都是在前期成功的火箭系统基础上改进而来。卡纳维拉尔角的一次性运载火箭型谱系，充分证明了，在一个项目的早期就采取良好的管理措施，是多么英明重要的一件事。

← 轨道科学公司和诺斯罗普-格鲁曼公司联合研制，能够搭乘消耗性运载火箭发射升空的太空出租车概念渲染图。

← ← 从刚刚与空间站分离的"亚特兰蒂斯"航天飞机上拍摄到的俄罗斯"和平"空间站图像，摄于1996年。

从临时替代品到主力运载火箭：从"雷神"到"德尔塔"火箭的演变之路。

20世纪50年代末和60年代初，面对苏联强大的火箭能力，"雷神"中程导弹"太小、太迟钝"的缺点显露无遗。在洲际弹道导弹出现之前，"雷神"系列导弹只不过是一个临时替代品，随着更强大的"阿特拉斯"火箭的技术发展，"雷神"导弹很快也就随之被淘汰了。在短短几年的时间里，随着最后一枚部署于英国的"托尔"导弹在1963年8月撤回至美国本土，至此所有部署于美国本土之外的"托尔"导弹都已从苏联周边驻地撤回。

这枚小小的临时替代用的导弹似乎达到了目的，但这并不是它的全部目的。"托尔"导弹虽然被撤回，但它仍然是一个运行良好的系统。在20世纪50年代后期，几个"高能量"的上层火箭子级先后开发成功，道格拉斯公司的工程师们开始把它们加到"托尔"导弹上，从而分别制造出了二级和三级的"组合"火箭。就这样，"托尔"在一系列试验任务中，以探测器和卫星的发射工具身份获得了新生。很多旧型号火箭或导弹都得到了充分复用，甚至曾经臭名昭著的"先锋"号火箭的技术发展也没有白费。"托尔-艾布尔"火箭，便是在"托尔"火箭作为一子级的基础上，增加了老旧的"先锋"火箭的第二、三子级（两者合为一体，被称为"艾布尔"）而来的。这种"组合"火箭的运载能力，足以发射美国第一个月球探测器："先驱者1号"于1958年搭载"托尔-艾布尔"火箭发射进入太空。当然，还有更多的"托尔-艾布尔"火箭，成功发射了许多科学探测卫星和"泰罗斯"气象侦察卫星，创造了足以载入史册的辉煌成就。美国中央情报局就利用了"托尔"火箭基础级和"阿金纳"上面级（配置有一个能够二次启动的引擎，并具备在太空中精确入轨的能力）组合形成的"托尔-阿金纳"火箭将高度机密的"科罗娜"侦察卫星送入太空，使美国得以窥探潜在敌国的军事设施。

在众多同"托尔"火箭结合的火箭中，最著名的要数长得像"棉签棒"一般的"托尔-德尔塔"（自1960年起，就被简称为"德尔塔"）火箭。1962年，"德尔塔"火箭成功将世界上第一颗商业卫星——美国电话电报公司（AT&T）开创性的电视通信中继单元TELSTAR 1号，成功

→ 通过移动服务塔内部的这一视角可以看出，波音公司研制的"德尔塔二号"火箭的第二子级，正在被重新装配，以便发射一枚深度撞击空间探测器，摄于2005年。

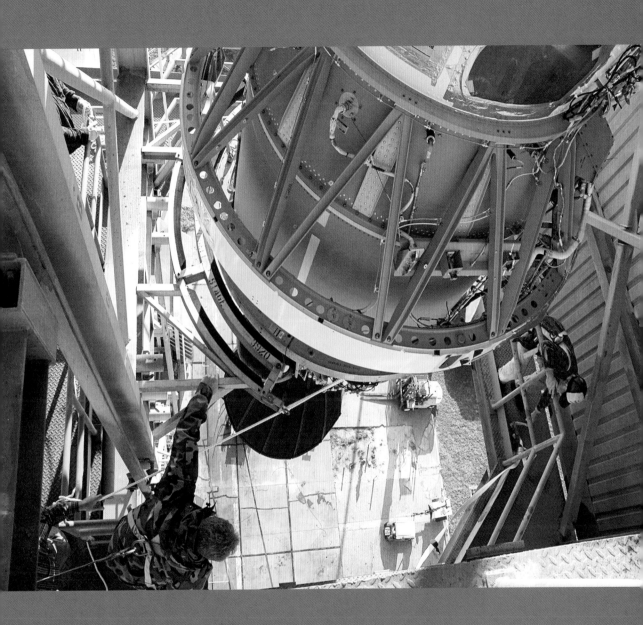

↑ 火星探测巡视车2号，正
在肯尼迪航天中心进行火
星探测任务前的试验准备
工作。

送入太空，这一卫星的成功发射也引入了一个全新的电视
短语——卫星直播。

1963年，道格拉斯的工程师们为"德尔塔"组合火箭
提供了更强大动力——他们把固体助推器捆绑在火箭芯级
上，以增加载荷运载能力。有了这一系列选择，"德尔塔"
火箭成了一个灵活的、可定制的火箭系统，能够根据所需
的运载能力，组合形成二级或三级，搭配三个、四个、九
个捆绑式固体助推器的火箭。"德尔塔"这一火箭系统非常
高效、可靠，逐步成了美国航天计划中的无名英雄，先后
成功发射了多颗商业卫星、GPS整个星座以及包括火星探
测器在内的多个星际空间探测器，如1997年发射的"探险
者"成功实现火星着陆、2004年又实现了火星探测车在火
星表面成功降落。

时至今日，"德尔塔"系列火箭仍在不断开发完善，相
关工作由波音公司负责。在1989年，为发射第一颗GPS卫
星，"德尔塔Ⅱ型"火箭应运而生。虽然后期在1998年首秀
的"德尔塔Ⅲ型"火箭在经历一连串离奇失败最终被放弃，
但"德尔塔Ⅳ型"火箭如今已具备发射最重载荷的能力。

在第一架"托尔"火箭首次亮相的同一地点，波音公
司目前为军方、美国航空航天局和"德尔塔"其他商业客

位于地球表面上空350英里处的"哈勃"太空望远镜，能够在不受大气影响的情况下对太空进行观测。

户们，运营管理着17A、17B两个发射台。总的来说，"德尔塔"火箭在当前及未来一段时间内，仍然都是卡纳维拉尔角上太空发射任务的主力，为保障"德尔塔"系列火箭，波音公司在卡纳维拉尔角驻扎了近600人。同时，波音公司还会在位于加利福尼亚州的范登堡空军基地2E航天发射台将"德尔塔"火箭发射进入极地轨道。

如今，"德尔塔Ⅱ型"高达97%的现代航天成功发射纪录，成了火箭高可靠性的代名词及行业标杆。"德尔塔"火箭已成为有史以来，发射次数最多的火箭之一，自1960年诞生以来，已经有超过275枚"德尔塔"火箭相继发射。而这一切壮举，都是从一个曾经失败过、被叫作"托尔"导弹的临时替代品发展起来的。这一路的演变，就是一个管理和发展都非常出色的投资典型。

"阿特拉斯"组合型火箭

尽管在"水星"计划利用"阿特拉斯"火箭将首批宇航员送入太空后，有运载能力更为强大的火箭出现，但"阿特拉斯"火箭仍然继续服役于美国航空航天局的其他宇宙探测任务。就像"托尔"火箭一样，与上面级的结合，给了"阿特拉斯"火箭更为广阔的应用空间。这一重新配置，使得"阿特拉斯"火箭在伴随宇航员戈尔登·库勃执行完最后一次"水星"计划后，延长了服役年限，成就了这一型号火箭漫长而富有成效的寿命周期。"阿特拉斯"火箭为美国航空航天局服役的第二个载人航天项目便是"双子星座"计划，通过搭载能够修改定点目标的"阿吉纳"上面级，来让"双子星座"计划的宇航员能够练习空间交会对接等技术。

"阿特拉斯-阿吉纳"组合火箭还曾通过发射一系列月球探测器探测月球，为"阿波罗"登月开辟道路。其中就包括早期的"游骑兵"鱼雷侦察卫星，以及更为复杂的能够利用高分辨率的摄影图像绘制月球地图的月球轨道侦察探测器。"阿波罗"计划中被称为"宁静"的登月着陆点就是由"阿特拉斯-阿吉纳"组合火箭发射的月球轨道飞行器确定的，该着陆点最终也成了尼尔·阿姆斯特朗执行"阿波罗11号"登月任务的目标。

"勘测者"是第三个也是最后一个"阿波罗"计划的侦察探测器，这些大型的软着陆探测器对于标准型"阿特拉斯-阿吉纳"组合火箭来说过于沉重了。因此，堆加了一个被称为"半人马"的高能液氢子级，以便为发射探测器补充提供足够大的动力。卡纳维拉尔角上的36号发射台经由改造后，能够支持新的"阿特拉斯-半人马"组合火箭，并于1966年5月30日，成功将"勘测者1号"发射升空。"勘测者1号"于当年6月2日成功在月球的"海洋风暴"点位软着陆，拍摄了1万余张高质量的月球表面照片，用实际行动证明了探测器在月尘上着陆是安全的。后续的"勘测者"探测器也紧随其后，在宇航员踏上月球之前，为登月任务的顺利完成，提供了对月球表面景象的绝佳先验知识。后来，那些在月球上行走的宇航员们将会赶上具有开拓性的"勘测者3号"探测器，并在"阿波罗12号"着陆时与之相会。

然而，月球探测还不是"阿特拉斯"的终点，"阿特拉斯"还与"阿吉纳"以及后来的"半人马"上面级一起组合形成新型火箭，后来还发射了美国航空航天局的星际探测器"水手"飞船，对金星和火星进行了近距离的飞越，其中"水手4号"探测器更是首次揭秘了火星表面多坑的地理特征。

"阿特拉斯"火箭一直到21世纪的早期也还在继续服役，经历了几代演化，已经远超20世纪60年代中期的应用规模。近年来，在洛克希德·马丁公司的操作下，"阿特拉斯"完成了型谱化发展，包括在36B发射台上配备的"阿特拉斯–半人马"Ⅱ型、Ⅲ型火箭，以及美国空军用于发射军事卫星的"阿特拉斯"Ⅱ型火箭。卡纳维拉尔角的36号发射工位，可谓任务十分密集，每年平均要发射10至12发任务，并且已经发射了令人震惊的100余枚"阿特拉斯–半人马"火箭。

　　洛克希德·马丁公司后来又在"阿特拉斯"火箭基础上，演变出了第五代重型运载火箭。2002年首次亮相的"阿特拉斯Ⅴ号"就是有史以来运载能力最为强大的"阿特拉斯"火箭，并最终取消了最初的"气球"状油箱设计。由于"阿特拉斯Ⅴ号"进行了大量的全新设计，因此其需要一个全新的发射台才能与之相匹配。1999年，美国空军将41号发射工位交给洛克希德·马丁公司，用于改造形成一个专门适配于"阿特拉斯Ⅴ号"的新发射工位。原工位处老旧的曾用于"泰坦"火箭的服务脐带塔被清除，取而代之的是一个新型装配大楼，用于组建这枚运载能力达9.5吨的新一代运载火箭。矗立于41号新发射工位周边的四个造型独特的白色尖顶服务塔非常显眼，以至于在肯尼迪航天中心区域的几个观景台都能够轻松地看到。

　　洛克希德·马丁公司在其组装大楼内完成了几乎所有的火箭发射前的准备工作，在发射前14小时将火箭利用移动平台转运至发射台。相比于传统的在36号发射工位上所需的几周的任务准备时间而言，这是一项跨越式的技术改进。更短的发射台上准备时间，将使得任务的快速周转和背靠背发射成为可能，以满足特殊的调度需要。而同样，全新的"阿特拉斯"航天飞行操作中心大楼，则针对无人运载火箭的发射，将发射中心和任务控制操作中心，都整合在了卡纳维拉尔角。

　　像波音公司的主力"德尔塔"火箭一样，洛克希德·马丁公司的"阿特拉斯Ⅴ号"火箭也是一个模块化系统，相关部组件可以互相替换，形成不同组合以满足特定的有效载荷任务需求。"阿特拉斯Ⅴ号"火箭众多部组件中，最令人惊讶的要数那枚在俄罗斯设计和制造的可变推力发动机 RD-180。长期以来，俄罗斯人一直致力于研发性价比高且性能可靠的发动机，冷战过后，他们的产品终于打入美国市场。美国航空航天局对这项国际合作非常确信并对其寄予厚望，将利用"阿特拉斯Ⅴ号"火箭携带人类历史上第一颗冥王星（太阳系最遥远的行星）探测器发射升空。2006年，冥王星探测器"新视野"号从卡纳维拉尔角的41号发射台，由"阿特拉斯Ⅴ号"火箭成功发射升空。

从太空战士到地外行星

作为卡纳维拉尔角上最为精密的发射系统之一，40号、41号发射工位及相关配套设施设备，原本是为发射太空战士而建造的，但最终却承担了另一项类型截然不同的重大任务。这两个发射工位及相关配套设施，由美国空军于1960年建造完成，建设初衷是为了发射代号为 X-20 的太空轰炸机和用于军事侦察用途的"载人轨道空间实验室"空间站。被设计用来发射这些沉重有效载荷的"泰坦ⅢC"火箭，需要一套全新的发射工位及设施，因此，美国空军参照"阿波罗"计划中"土星五号"的配套设施的布局和结构设计，精心设计了一套服务于"泰坦ⅢC"火箭的相对小规模的发射系统。这套发射系统，甚至拥有专用的、带有仓库门的小型飞行器装配楼。当美国空军试图为这个精心设计的发射综合体寻找放置空间时，他们发现卡纳维拉尔角几乎都已被洲际弹道导弹发射台给占满了，已经没有合适的位置了。但美国空军迎难而上，不畏挑战，他们进入了香蕉河地带，在那里建立了一个人工岛和一条堤道将它们连接起来。凭借破釜沉舟般十足的决心，"泰坦ⅢC"火箭的发射设施，终于奇迹般地出现在了以前只有浅滩和沙口的地方。

但是"动力滑翔器"项目在1963年被取消，随后载人轨道实验室项目也在1969年被取消——这两个项目由于洲际弹道导弹和高分辨率侦察卫星的发展而逐渐落伍，最终导致这两项"太空士兵"计划流产，相关设施设备都没能完全投入使用。计划的取消给美国空军留下了一枚不再需要的"泰坦ⅢC"重型运载火箭和卡纳维拉尔角上那两个精心设计却被闲置的40/41号发射工位。"泰坦ⅢC"火箭的运载能力非常强大，一次可以发射8颗小卫星。虽然美国军方也会用它来发射军事卫星，但每年的发射次数从不超过4次。整个发射台及配套设施陷入了失活状态，仿佛看起来就像要被封存起来束之高阁一样，直到美国航空航天局给它第二次生命。

在20世纪70年代中期，航天飞机项目发展缓慢且预算超支严重，致使美国航空航天局一直没有一个像样的重型发射系统。冯·布劳恩的"土星一B"火箭本可以轻松地承担这样的角色，但可惜的是整个"土星"系列火箭都已退役了。为了能将大型星际探测器送入太空，美国航空航天局寻遍了美国当时现役的重型运载火箭，最终他们的目光聚焦在了"泰坦ⅢC"火箭。虽然在70年代中期，"泰坦ⅢC"火箭自身运载能力尚不足以支持巨型探测器的发射，但是该火箭的设计方面还有着灵活的可提升空间。除了固定在火箭侧面的固体火箭助推器外，美国航空航天局还可以为其增加一个高性能的"半人马"上面级。这种组合体火箭的运载能力足以将一个巨大的星际探测器发射出太阳系。

"半人马"上面级的增加，使得"泰坦"火箭的载荷鼻头状部分看上去好像显得过于粗大了，但事实证明，这种设计组合是一个可行的解决方案，而且比"土星一B"火箭更加经济实惠。"泰坦ⅢE"火箭发射了美国航空航天局史上最伟大的四次星际探测任务：分别是1975年的两次"海盗"火星探测任务和1977年的两次"旅行者"外行星探测任务。这些探测器使得世人第一次看到了火星、木星（1979年）和土星（1980年）等行星表面的惊人景象！这些都是极其令人瞩目的空间探索项目，也代表了那个年代最高的太空探索水平。在对这些巨大的气体行星执行了如此宏伟的探测任务之后，利用41号发射工位再次发射一枚冥王星探测器似乎也变得顺理成章。曾经的40/41号发射综合体象征着神秘的"太空战士"计划，仿佛一夜之间突然出现在人们面前，而现在，这两座发射综合体已经成了美国航空航天局最为宏伟的目标之一，并将在未来几年继续服役。

飞行发射平台

轨道科学公司的"观星者"是一个完全不同的发射平台，使用了著名的防滑带跑道。这种不同寻常的"飞行发射平台"是发射平台中唯一的一种仿佛只在科幻小说里出现过的东西。卡纳维拉尔角是全世界能够支撑轨道科学公司使用现代带翼火箭"飞马XL"将小型有效载荷送入太空的仅有的六个发射地点之一。"飞马"火箭的初始上升段，是由一架可回收的载人飞行器利用空气动力升力携带升空的，这样的好处是能够大大降低火箭初始助推阶段的推力要求。这个非正统的第一子级——或者说是"飞行发射平台"——便是在洛克希德L-1011客机基础上特别改装而成的"观星者""飞行发射平台"。

其实，工程技术人员早就知道，如果航空飞机足够大，大到能够装下一整枚火箭的话，那么从飞机上发射火箭，便能够为火箭提供初始的飞行动力，从而为火箭后面的长途飞行进一步节省燃料。同火箭科学中其他技术发展一样，这次又是德国人首先尝试了这一技术观点。在第二次世界大战时期，当V-1导弹发射坡道被盟军轰炸并占领后，德国空军便派出"海因克尔"轰炸机携带V-1导弹进行空投。轰炸机所提供的初始动力优势，极大地扩展了V-1导弹的射程，并展示了一种相当有趣的技术。战后，美国也采用空投发射的方式，开展了多次类似的火箭飞机试验，其中最为著名的要数查克·叶格的X-1火箭飞机在1947年从B-29轰炸机上投下后，成功地突破了音障！20世纪60年代，尼尔·阿姆斯特朗和斯科特·克罗斯菲尔德驾驶着X-15火箭飞机令人难以置信地飞到了太空边缘，此前他们就曾驾驶着类似的B-52火箭飞上过高空。

20世纪90年代，轨道科学公司发现一架标准的洛克希德·马丁公司的航空客机有能力搭载55英尺长、26吨重的"飞马"火箭(比X-15火箭飞机重9吨)。因此轨道科学公司专门为此改装了一架L-1011客机，去掉了乘客座位，并增加了一个腹部支架，把火箭牢牢地固定在飞机下面。这架改装后的飞机便成了"观星者"火箭飞机。由于这种独特的"飞行发射台"的机动性，轨道科学公司可以根据任务

↗ 工作人员正在对"太阳辐射与气候实验"卫星进行整流罩安装，该卫星最终将被安装在"飞马XL"运载火箭上。一架经过特殊改装的L-1011客机，会从卡纳维拉尔角空军基地起飞，将"飞马"火箭运送至39 000英尺的高空中，摄于2003年。

→ 一枚"飞马"运载火箭正在加利福尼亚州范登堡空军基地，与L-1011客机改装而成的"飞行发射平台"进行发射前的对接安装，摄于2004年。

或客户的需要，在世界各地的不同地点进行发射。众多的起飞地点包括位于加利福尼亚州的范登堡空军基地、南太平洋的夸贾林环礁和西班牙外的加那利群岛，但卡纳维拉尔角是"飞马"发射的主要中途站之一。在位于 AE 号机库的无人特别任务控制中心的监控下，"观星者"在倒计时中起飞。在距离卡纳维拉尔角 120 英里的大西洋上空，"观星者"沿着精心设计的航线飞行，整个飞行过程一直被全球定位系统的监视跟踪着。执行发射任务的飞机必须以计算出的所需速度、在 39 000 英尺的高空中，进入一个 10 海里×40 海里的长方形发射空域，以释放作为有效载荷的火箭，这样才能完成一次成功的发射。飞行员必须不断对抗天气干扰影响，让"观星者"能够顺利通过特定的 GPS 上的里程碑节点，进入预定发射区域，这一过程就好像在空中要穿越一个隐形的圆环，并掌握完美的时机，与圆环另一端的一位摇摆不定的空中飞人汇合一样。如果有任何一项指标读数超差，那么发射飞机则必须再盘旋一次重新来过。

当一切准备就绪，火箭就会被投下。空投一个重达 26 吨的有效载荷可绝非一件简单的事情。用副驾驶唐纳德·摩尔的话来说，"空投发射'飞马'的感觉就像从你的飞机下面释放出一列超音速的货运火车一样"。当四个液压吊钩连接点，点火释放火箭时，整个"观星者"都在颤抖。自由落体五秒钟后，"飞马"随即点火启动，那种震撼是如此强烈，以至于在"观星者"发射飞机上都可以听到它的轰鸣声。一架"观星者"的伴随飞机通过视频捕捉到了点火分离的瞬间，而"飞马"航天器则在其推力高达 16.3 万磅的引擎作用下，以 2 马赫的速度从"观星者"前方呼啸而过，直冲云霄，向着目的地继续前进。明亮的橙色火焰在蓝色天空的映衬下，显得格外引人注目。从"观星者"的驾驶舱，甚至可以看到"飞马"火箭在分离约 70 秒后，速度达到 8 马赫、高度达到 30 万英尺的时候，与一子级分离的场景。从火箭的一、二级分离开始，火箭的二级引擎便开始点火工作，直到把位于前锥部分的有效载荷成功送入轨道高度约 134 英里的太空，这一高度要比执行空间站任务的航天飞机的轨道高度高出约 15 英里。第三个也是最后一个火箭子级，会接力完成最终的入轨定位。从空投到入轨定位，整个过程只需要十多分钟而已。

对于重量不到半吨的小型宇宙飞船和卫星来说，"飞马"火箭系统或许是当时地球上性价比最高、最可靠的太空运输工具了：整个发射成本仅为2 000万至2 500万美元。凭借可回收的载人"助推级"以及"飞马"火箭自身宽达22英尺的机翼加持，空中发射系统整体将大气层中的空气升动力发挥到了极致。这一发射系统，只有在高空空气极其稀薄的情况下，才开始完全依赖火箭发动机的动力。凭借空气升动力的性价比优势，"飞马"火箭成了赢家，轨道科学公司也从他们的创新中获得了回报，他们从世界各地的客户那里获得了多项合同，自1990年4月5日首次亮相以来，发射了超过70颗卫星，执行了35次任务。直至今日，"飞马"火箭仍是世界上技术领先的小型运载火箭之一——这是首个私人开发的太空运载火箭取得的非凡成就。"飞马"火箭的运作模式，才真正是最初设想的那个经济廉价的航天飞机的样子。其实，早在20世纪60年代，一个类似飞机的可回收助推器就曾被认为是航天飞机理想的发射平台。但是这样一个带翼的火箭一子级从未被建造过，因为在没有大量重复性发射任务之前，这种设计方案性价比高的优势无法体现出来。但是，如果未来某一天，人们对频繁进出太空有了更大的需求，我们可能还会看到"观星者"的继承型号，载着宇航员和太空飞船抵达大气层边缘，开启他们奇妙的太空之旅。卡纳维拉尔角丰富而持续的有翼火箭发射历史，证明了机翼设计在火箭的时代不仅不落伍，还会随着时代发展，有更多的带翼火箭继续由此进入太空！

通往未来之门

肯尼迪航天中心除了航天飞机之外还有什么?什么样的宇宙飞船将把未来的宇航员送到更高的边疆?卡纳维拉尔角将会如何执行这些新任务?几十年来,超越航天飞机的太空项目一直都只是些模糊的可能性。但随着一项引人注目的总统倡议的宣布,卡纳维拉尔角迎来了一个新时代。新能源正在发挥作用,美国航空航天局正在为新的行动设计新的飞船。新一代的太空探索终于初具规模,而卡纳维拉尔角也为此做好了准备!

← "白骑士1"飞机搭载"太空船-1号"飞船升空
   至飞船发射高度后,正在空中盘旋,等待在莫
   哈韦机场民用航空试验中心进行着陆,摄于
   2004年。

↑美国航空航天局的新型载
人飞船与登月着陆器和月
球离港舱在太空中以组合
体状态绕地球飞行的概念
渲染图。

　　2004年1月14日，美国总统乔治·沃克·布什发表了
一份了不起的文件，阐述了他对美国太空政策的愿景。这
份名为《新发现精神》的文件，预示着美国航空航天局将
逐步淘汰航天飞机，重新开始下一代探索任务。该文件明
确了下一代太空探索的目标和时间表，并对航天飞机的进
一步使用施加了行政限制，为美国航空航天局做出了重大
决定，用许多观察家的话说，"为美国航空航天局提供了自
约翰·肯尼迪以来最强有力的总统领导"。

　　乔治·沃克·布什总统的计划设定了一个大胆的新议
程，将美国航空航天局的目标提升到航天飞机所能到达的
近地轨道之外的太空空间，重新考虑派遣宇航员和机器人
探测器探索月球、火星和太阳系以外的地方。与此同时，
总统委员会在全国各地举行了听证会，并于2004年6月发
布了一份报告，为完成总统的命令制定了路线图。美国航
空航天局开始了重大重组，并立即着手研究如何最好地完
成总统倡议案中提出的技术挑战。为了完成新的任务目标，
需要全新的运载工具和任务总体方案。美国航空航天局这
些具有挑战性的新任务，激发了工作人员的热情，各项工
作也都顺理成章地得以快速顺利启动。这项新的太空计划

以一种自"阿波罗"计划以来从未有过的方式让美国航空航天局重新振奋起来。当然，和以往伟大的任务一样，这一全新任务设想的起点仍将是肯尼迪航天中心——美国伟大的太空门户。

在努力满足哥伦比亚号事故调查委员会的建议后，美国航空航天局的第一件事就是尽快让航天飞机恢复运行状态。航天飞机发射现在有了新的安全措施，比如：每次飞行，宇航员都会把隔热板修复包随身携带。美国航空航天局目前时刻密切关注类似"哥伦比亚"航天飞机发射失利事件的进展，并已为处理这类事件准备好全面的技术和程序，确保宇航员安全返回。当一切重回正轨，航天飞机的相关行动得到了前所未有的加强，因为有一件事是该计划以前从未有过的：确立一个明确的任务目标。乔治·沃克·布什总统指示航天飞机今后的任务行动将主要集中在一个目标上，那就是完成国际空间站的建设！航天飞机最初的设想就是为了在地球轨道上建立一个常驻空间站的一种手段，一个能够像开创性的"阿波罗"太空实验室一样的在轨操作平台。但在20世纪70年代初，美国航空航天局发现这样一个宏伟的项目能够得到的支持实在是太少了，所以当时最终决定只支持航天飞机，并希望能够获得批准而建立一个空间站，以便能够"给航天飞机一个去的地方"。罗纳德·里根总统对一个名为"自由号"的空间站设计进行了认真的研究，这一"自由号"空间站作为一个太空平台，能够支持模块化在轨组装。其中，模块化组件能够被装进航天飞机的货舱里运输到太空，再由宇航员完成在轨组装工作。"自由号"空间站经历了一轮又一轮的设计与再设计，致力于寻找到一种恰到好处的方案，让空间站足够大，大到能满足实际用途需要，但同时又能尽可能小，小到能满足经费预算。但可惜，这一项目始终没能得到强有力的支持和领导支撑，最终不得不终止了。

"航天飞机-和平"合作项目

20世纪90年代，美国航空航天局与俄罗斯在前期"阿波罗-联盟"项目合作基础上，又达成了一项新的合作协议，作为航天飞机与空间站对接的一种过渡方式。为了能够让美国的宇航员练习空间对接技术并尝试在太空中长期停留，美国人将把他们的航天飞机同俄罗斯的"和平号"空间站对接。"和平号"空间站是1986年发射的，在随后的几年中又扩大了几次。"航天飞机-和平"合作项目使美国航空航天局在与国际伙伴合作进行空间活动方面获得了许多的经验。但与此同时，"和平号"也带来了比人们预料的更多的太空冒险。其中一点便是，航天飞机同空间站对接过程中一旦失火，对于空间站这种密闭空间来说，将是非常危险的境况！而另一起事故中，一艘遥控驾驶的"进步"无人货运补给飞船，意外地撞上了一个原本打算作为美国特别实验室的空间站模块，导致其漏气失压。这次碰撞极大地限制了美国在"和平号"上能够进行的研究，因为漏点一直未被找到并堵住。尽管如此，这个于1998年5月结束的项目，在美国还没有相应太空设施的时候，给了美国宇航员在空间站上工作的经验。

国际空间站

在20世纪90年代早期，美国航空航天局局长丹·戈尔丁曾倡导过一个新的空间站项目，他使用了一个最终往往能够带来成功的策略：国际主义。丹·戈尔丁提议，由美国主导建设一个面向全球范围使用的国际空间站，空间站组件由欧洲、日本等地区和国家的太空合作机构研制。苏联解体后，俄罗斯被邀请成为国际空间站的合作伙伴。为了取得与俄罗斯的合作，美国不得不放弃对空间站的全面控制，接受与俄罗斯的交替分时指挥。尽管困难重重，但国际空间站依旧会建成的，从国际角度来看，美国最终会坚守承诺：那就是尽管政府变化、建设延迟甚至其他的严重挫折等困难有很多，但这一国际合作项目的路线是不会变的。新的国际空间站被设计成空间微重力实验室，这样宇航员就可以进行材料科学、生物学和物理学方面的实验。国际空间站的组装飞行任务开始于1998年，此后，随着航天飞机每隔几个月就一次又一次地发射升空，国际空间站的组装飞行任务便主导了肯尼迪航天中心的发射工作。新空间站将由许多小得足以放进航天飞机货舱的小部件组成，

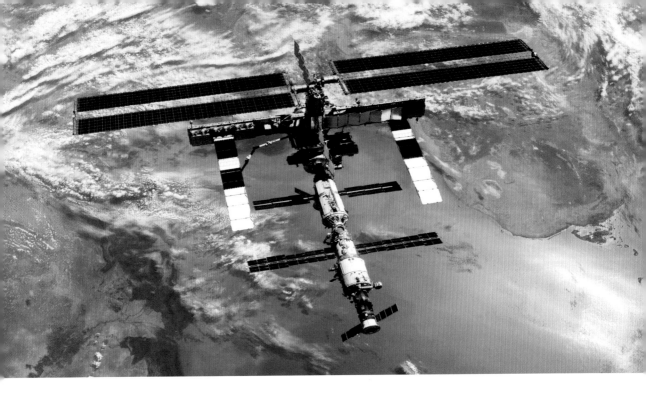

每一个部件都必须通过艰难的太空行走与建造才能组装结合在一起，而太空行走通常会持续好几个小时，并相继创下太空中持续工作时长的纪录。一个人员居住模块，一个能源模块，一个起重机和太阳能电池板等各种部组件，就这样一块一块地在220英里的外太空中被相继连接组装在一起。而在最终的设计中，空间站上配备的可伸展太阳能电池板，展开长度达356英尺，几乎是"土星五号"探月火箭的长度——比一个足球场还长。完成后的整个空间站设施设计重量为475吨，可容纳七名宇航员，并兼容由美国、俄罗斯、欧洲和日本提供的空间实验室。

这些部件一个接一个地从39A发射台发射升空，为日益庞大的网状结构和复杂的工程网络添砖加瓦，铸就了有史以来最庞大的空间设施。如今，国际空间站的规模已经大到如果你知道何时何地去观看，你甚至可以轻而易举地发现它在天空中移动。它是夜空中最亮的物体之一，甚至比大多数肉眼可见的星星还要亮。

国际空间站包含了如此多的独立组件，需要几十架次航天飞机发射才能完成组装建设。美国总统乔治·沃克·布什指示美国航空航天局在2010年前后完成空间站的建设工作，这将需要航天飞机任务团队于2004年恢复运行状态，并连续发射20多架次。而空间站建成之日，也就是航

↑从"奋进"航天飞机上拍摄到的国际空间站影像，摄于2001年。

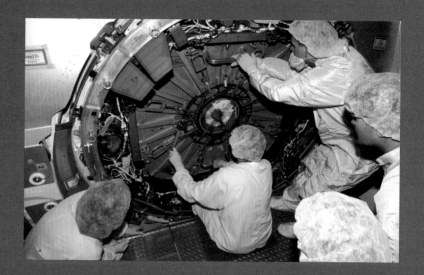

→ 空间站处理设施的技术人员准备打开节点 2 模块上的右舷舱门。

↓ 在空间站处理设施中，日本宇宙开发事业团的执行董事山本幸次，站在日本的太空实验舱前，观摩着空间站的其他组成舱体。

天飞机退役之时。

为新的运载火箭做好准备

虽然肯尼迪航天中心仍会继续发射航天飞机，但美国航空航天局已经在开发令人兴奋的新型运载工具，将成为下一代载人宇宙飞船。这些新型运载工具，同样仍将由肯尼迪航天中心提供发射服务，所以就像当初航天飞机设计期间那样，肯尼迪航天中心此时正等待他们未来的发射对象。还需要什么新设施呢？新型运载工具是否需要新的发射台，抑或现有的设施设备能否适应新的任务要求？面对这些问题，让我们不妨展望一下，看看在不远的将来，卡纳维拉尔角将给出怎样的答案。

宇航员探索车

乔治·沃克·布什总统签批的太空计划指示，美国航空航天局应着手开发一种全新的太空飞行器，其具体任务是支撑太空探索：将宇航员送出近地轨道，去往月球周边的遥远边界，并借助月球表面，最终登陆火星。新的宇航员探索飞行器不像航天飞机，反而更像紧凑和经济的"阿波罗"太空飞行器。21世纪的宇航员探索车将采取类似于"阿波罗"太空舱的设计：以一个基本单元为主体，在其基础上可以定制和扩展相关部组件，从而形成系列型谱，胜任各种任务。宇航员探索车将面临广泛的各种各样的任务，从追溯"阿波罗"计划重返月球，到探访火星，再到将宇航员送上火星，更远的未来甚至有可能去探索太阳系之外的空间。美国航空航天局希望，最早在2008年或2009年就能实现无人驾驶载人飞船原型机的试飞，但航天飞机于2010年左右退役后，在载人宇航员探索车尚未准备就绪之前的窗口期，美国很有可能在一段时间内都不具备载人航天的能力。如今的过渡期，就像从"阿波罗-联盟"计划开始的1975年到航天飞机首飞的1981年的6年沉寂时光一样，美国航空航天局可以利用俄罗斯的"联盟"宇宙飞船将宇航员送抵空间站，这一切都受益于两国自冷战以来共

同建立起的良好航天合作关系。

蓄势待发的新火箭

当宇航员探索飞行器准备就绪时，即将承担飞行器发
射任务的运载火箭，将决定这些任务在卡纳维拉尔角的发
射工位。波音公司和洛克希德·马丁公司都提出，宇航员
探索飞行器可以搭载他们现有火箭的重型升级版本进入太
空，尽管这些重型升级版本火箭尚不能证实其可靠性。美
国航空航天局最终并没有在现有的火箭基础上做出选择，
而是选择研制一枚全新的火箭，就像曾经冯·布劳恩的
"土星—B"火箭那样，专为美国航空航天局任务需求而设
计的运载工具，从一开始的设计阶段，就将宇航员的生命
安全考虑在内的全新运载工具。

新型货物升降机

除了发射宇航员探索飞船及搭乘的宇航员外，美国航
空航天局还需要一架新型的货物升降机，以满足雄心勃勃
的太空探索计划要求。乔治·沃克·布什总统特别指示美
国航空航天局应尽快将载人飞行任务和货运飞行任务分开，
以避免航天飞机产生不必要的经费问题。

货物升降机这一功能角色潜在的有力竞品就是"航天飞机衍生"的运载工具，如波音公司在20世纪90年代初制造的航天飞机C型机。这些飞行器使用航天飞机系统的构件，并以更高效、更强大的新方式将它们组合起来。例如，航天飞机C型机，将使用一个标准的航天飞机外部燃料箱和一对固体火箭助推器，航天飞机轨道飞行器被一个大型货舱所取代，货舱的后部装有备用的航天飞机主引擎。没有了机翼以及生命支持系统的束缚，这种组合的有效载荷几乎是原来航天飞机有效载荷的三倍。与此同时，另一种优越的结构同样赢得了人们的青睐，它是将货舱置于飞船顶部，从而避免飞行过程中脱落的泡沫或冰块造成损害，同时又将航天飞机的主引擎放置于外部燃料箱的底部。还有其他一些可能的组合方式，如使用两个以上的固体火箭助推器，或新的和更强大的助推器子级等。对于宇航员探索飞行器的发射装置来说，美国航空航天局已经检查过芯级的配置状态，即一个固体火箭助推器，顶部搭载一个上面级和航天器载荷的配置模式。所有这些由航天飞机衍生出来的飞行器，在应用前景方面都有一个优势，那就是它们的基础组件都历经了百余次航天飞机发射任务考验，并在过程中不断被迭代优化，这些部组件在工程方面的实际应用效果已得到证明，其弱点也都已充分暴露。

正如我们一次又一次所看到的，火箭运载能力的每次增加都是得不偿失的，代价巨大最终却都被愚蠢地舍弃。正如登山界的一句名言所说"永远不要牺牲海拔"。在火箭科学中，这句名言翻译过来就意味着"永远不要牺牲来之不易的运载能力"。如今，美国已拥有所有航天飞机部组件，并且质量也得到了验证。美国航空航天局很有可能利用这些久经考验的部组件，研制出一枚性能优异的运载工具，用以将空间探索设备送入近地轨道、月球甚至是火星，支撑美国未来的载人空间探索任务。所以即使在航天飞机停飞以后，它的部组件仍会继续生产。同时，目前安装在航天飞机轨道飞行器上的主引擎也可能会被拿走，以便为早期的航天飞机衍生运载工具提供动力。39A发射台，或许能够适应这些未来的运载工具，因为它曾经适配于原来的航天飞机，因此，这一曾见证尼尔·阿姆斯特朗和"阿波罗11号"成功升起历史性瞬间的发射台，在未来几十年

↑ "太空船一号"载人航天器之父伯特·鲁坦在一旁,看着微软公司的联合创始人保罗·艾伦,向刚刚完成"X大奖"终极飞行挑战赛的"太空船一号"试飞员布莱恩·比尼表示祝贺。

里,仍然可能继续充当新型运载工具通往更远太空的高速公路。与此同时,美国航空航天局计划在2008年之前先向月球发射无人探测器,以为宇航员的后续探索做好准备。2015年至2020年,一系列新的载人登月计划将按计划启动,届时将在月球上建立一个基地,为未来的火星探索做好准备和实践。

在未来对这颗"红色星球"进行无人探索后,宇航员就会被派往这颗遥远的星球,开展令人振奋的火星登陆!如果这一计划能够得到未来美国政府的支持,美国航空航天局将借此重返"阿波罗"时代,迎接挑战,迎接魅力与荣光!

创新的未来发射可能性

当美国航空航天局展望未来时,他们发现那些曾经过验证的传统技术,似乎是在不久的将来完成重大探索任务的最直接途径。"阿波罗"计划之所以能够在很短时间内取得成功,是因为该计划尽可能保持在先进而成熟的工程技术水平状态,而不是去采用冒险并且不必要的试验技术。但是,当主线探索工作在卡纳维拉尔角上全速前进时,天才的工程师们并没有停下对新的发射理念的创新步伐,因为这些新的发射理念,将是保证未来下一代运载火箭更容易、更安全、更经济地进入太空的关键。其中一个有趣的探索可能，便是轨道发射系统，该系统由位于亚拉巴马州亨茨维尔市的美国航空航天局马歇尔太空飞行中心负责研发，而这一中心的领导者约翰·伦敦，也是"探路者"项目的负责人，致力于探索新型太空飞行器。他们在肯尼迪航天中心新建了一个铁路发射系统，用来发射新型运载火箭。而这种新型的"进气式"运载火箭，能够像喷气式发动机那样，从大气中获取氧气用来燃烧。这就意味着他们不需要携带沉重的氧气储箱，而在航空航天领域，重量自然是越轻越好，因为这意味着上升过程中会有更小的负重。"进气式"运载火箭在上升过程中的大气层内阶段，利用机翼产生升力，就像"飞马XL"发射系统一样。该轨道发射系统将使用磁悬浮轨道技术来对火箭进行磁性加速。"进气式"运载火箭会以轨道发射系统为起点，以每小时400英里到600英里的速度奔向太空。虽然目前还没有建造轨道发射系统的具体计划，但相信随着美国航空航天局在探索满足未来发射需求的最优解决方案方面的逐步成熟，轨道发射系统将在未来的可能性列表中占据重要位置。

"太空船一号" 载人飞船

2004年6月21日，第一艘私人制造的宇宙飞船从加利福尼亚州的莫哈韦机场起飞，高度达到62英里，比国际公认的外太空起始高度高出400英尺。世界著名的飞机设计师伯特·鲁坦将他的轻量复合材料制造技术应用到太空探索中，并在微软亿万富翁保罗·艾伦的资助下，创造了一种新型宇宙飞船——"太空船一号"。伯特·鲁坦还建造了一架名为"白衣骑士"的特殊涡轮喷气式飞机，用以将这架小型三座的"太空船一号"送上46 000英尺的高空后，进行空中发射。因此，"白衣骑士"将作为一个飞行发射台(或者说是有翼的一子级)，类似于轨道科学公司为有翼的"飞马XL"火箭设计的基于航空飞机的发射工具一样——不同的是，伯特·鲁坦自己设计了机翼。莫哈韦机场在2004年6月21日当天获得了美国联邦航空管理局的许可，成了美国第一个内陆太空港，这可能为未来许多这样的型号任务开辟了道路。

伯特·鲁坦的设计包括一种新型混合动力引擎，使用安全无爆炸性的燃料：一个橡胶状的固体燃料段，使用一氧化二氮助燃，可以按需开启和关闭。这种设计兼具了固体燃料存储简单、液体燃料方便控制的优势，同时又规避了两者的缺点。这种设计最直接的一个结果是，点火启动操作变得非常安全，前来见证这一历史时刻的成千上万名观众，可以到达莫哈韦机场上距离"白衣骑士"和"太空船一号"仅几百英尺的地方观看发射，这样的近距离，同观摩传统火箭发射所需的几英里的安全距离相比，简直是天壤之别！

伯特·鲁坦在莫哈韦的成就，成功证明了以小额预算完成亚轨道太空飞行的可行性，伯特·鲁坦的整个项目，包括任务控制中心、培训系统、专用航空飞机的设计与施工改造、航天器自身及其配备的所有新仪器，总共花费不到3 000万美元。伯特·鲁坦预测，未来时代的太空旅游将是由私营企业经营的真正太空旅游和太空旅馆。如果真如伯特·鲁坦所预测的那样，那么将来美国航空航天局可能会与这些运营商签订近地轨道服务合同，就像电影观众在斯坦利·库布里克主演的《2001太空漫游》中看到泛美航空公司向轨道太空旅馆发射太空飞机一样。

内陆的太空港和太空旅游会削弱卡纳维拉尔角在未来太空行动中的作用吗？如果伯特·鲁坦的预言成真，未来的航天飞行将逐渐变得越来越像如今的商业航空，除了肯尼迪航天中心和卡纳维拉尔角附近的航天发射台外，还将有更多别的地方能够担负发射任务。然而，在地球轨道以外的高边疆空间探索任务，仍将继续需要强大的运载工具，而这些运载工具离不开卡纳维拉尔角的支持设施。

或许在未来的几十年里，会有越来越多的普通市民能够乘坐亚轨道和轨道旅游太空航班，置身于太空之中。理想情况下，我们会看到个人主导的私营太空产业行为和美国、中国国家航天局主导的国家太空探索行为，两种模式和谐共处并能相互促进，进一步巩固美国在太空探索中的地位，正如斯坦利·库布里克在电影中描述的太空愿景那样。不管私人太空未来会发展成什么样子，但可以肯定的是，在未来一段时间里，探索地球以外的高边疆宇宙，仍将是探索者和宇航员的主业。卡纳维拉尔角仍将是无人和载人航天探索任务的首选出征点，而肯尼迪航天中心仍将继续为将美国航空航天局的太空愿景变成现实而努力。冯·布劳恩和库尔特·德布斯的努力总是在面向未来，肯尼迪航天中心和卡纳维拉尔角，就是这种远见的最佳呈现。

卡纳维拉尔角上还有为未来39C号发射台预留的空间，从飞行器装配大楼顶部伸出的吊车臂，也预示着这座建筑将被继续扩大，将会创造出比"土星五号"还要伟大的奇迹。

站在这一沧桑悠久的太空海岸，我们回首望去，满眼尽是英雄的丰碑！我们展望未来，满怀信心期待新的传奇！卡纳维拉尔角长期以来一直是美国进入太空的重要门户，在它一系列开创性工作的影响下，其他太空门户也在逐渐开放成长。虽然卡纳维拉尔角不再是美国进入太空的唯一发射点，但它永远是那个通往未来、拥有着无上荣光的太空之门！

→ 在位于肯尼迪航天中心的"阿波罗-土星五号"中心，参观人员们在"土星五号"火箭面前显得格外渺小，仿佛在以这种对比，向曾在太空探索中取得的伟大成就致敬。

肯尼迪航天中心历史大事记

20 世纪 40 年代：

1949 年 5 月 11 日,杜鲁门总统签署法案,创建了美国空军联合远程试验场基地,该基地后来演变发展成为肯尼迪航天中心。

20 世纪 50 年代：

1950 年 7 月 24 日,卡纳维拉尔角迎来发射任务"处女秀",一枚改装后的 V-2 火箭在此发射升空,飞行高度约 10 英里。

1955 年 12 月 1 日,艾森豪威尔总统授权"雷神托尔"导弹计划拥有"最高国家优先级"。

1957 年 10 月 4 日,苏联发射了"斯普特尼克 1 号"卫星。

1957 年 12 月 6 日,"先锋号"卫星从卡纳维拉尔角发射升空。

1958 年 1 月 31 日,"探索者 1 号"即美国的第一颗人造地球卫星,从卡纳维拉尔角发射升空。

1958 年 10 月 1 日,美国航空航天局开始运行,当年员工规模约 8 000 人,年度预算约 1 亿美元。

1958 年 10 月 7 日,美国航空航天局启动了"水星"计划,这也是美国的第一个载人航天飞行计划。

20 世纪 60 年代：

1961 年 5 月 5 日,艾伦·谢泼德乘坐"红石号"火箭完成了第一次美国太空飞行。

1961 年 8 月 24 日,美国航空航天局在卡纳维拉尔角额外获得了 80 000 英亩土地。

1962 年 2 月 20 日,约翰·格伦乘坐"友谊 7 号"载人飞船搭乘"阿特拉斯"火箭,完成环绕地球飞行,成为首个进入地球轨道的美国宇航员。

1963 年 7 月,开始建设飞行器装配大楼。

1963 年 11 月 20 日,约翰逊总统将卡纳维拉尔角的设施更名为"肯尼迪航天中心",以纪念已故的前任美国总统。

1965 年 3 月 23 日,格斯·格里森和约翰·杨启动了"双子星"计划。

1965 年 4 月 6 日,发射了第一颗国际通信卫星"Intelsat I 号"卫星。

1965 年 8 月,开始建设履带车通道。

1967 年 1 月 27 日,第 34 号发射综合体发生火灾并爆炸,事故波及了当时矗立于此的"阿波罗 1 号"宇宙飞船,导致其中的三名宇航员在此次事故中遇难。

1967 年 11 月 9 日,"土星五号"运载火箭搭载着"阿波罗 4 号"宇宙飞船成功发射,拉开了"阿波罗"计划的序幕。

1968 年 10 月 11 日,"阿波罗 7 号"宇宙飞船成功发射,这是"阿波罗"计划的第一次载人飞行任务。

1969 年 7 月 20 日,尼尔·阿姆斯特朗成为第一位登上月球的人类。

20世纪70年代:	20世纪80年代:	20世纪90年代:	21世纪初:
1972年5月24日，尼克松总统签署了"阿波罗–联盟号"测试项目的协议。	1981年4月12日，首次航天飞机发射。	1990年4月24日，"发现号"航天飞机发射升空，部署"哈勃"太空望远镜。	2003年2月1日，"哥伦比亚"航天飞机在得克萨斯州上空爆炸。
1972年7月23日，发射了"陆地I号"卫星，这是第一颗提供地球资源评估的卫星。	1986年1月28日，"挑战者"航天飞机在升空后几秒钟爆炸。	1993年9月22日，"发现号"成为第一艘在夜间降落在肯尼迪航天中心的航天飞机。	2003年6月，第一台火星探测器从卡纳维拉尔角发射，并于2004年年初抵达火星。
1972年12月19日，"阿波罗17号"宇航员乘组成功返回地球，标志着"阿波罗"计划的结束。	1986年12月5日，肯尼迪航天中心用于服务和维护航天器上危险载荷的设施正式投入运行使用。	1994年6月23日，空间站处理设施正式投入使用，作为国际空间站组件的检查点。	2011年7月，"亚特兰蒂斯"航天飞机完成其最后一次发射飞行任务（任务代号：STS-135），标志着肯尼迪航天中心航天飞机时代的终结。
1973年5月14日，发射了"天空实验室I号"空间站，这也是美国航空航天局的第一个空间站。	1988年9月29日，经过对"挑战者"灾难的广泛调查后，肯尼迪航天中心的航天飞机发射飞行任务恢复。	1997年6月23日，国际空间站的第一块组件运抵肯尼迪航天中心。	
1975年7月17日，"阿波罗"飞船与"联盟"飞船在太空中完成历史性交汇对接。			
1975年10月16日，发射"GOES I号"气象卫星。			
1979年3月24日，第一艘"哥伦比亚号"航天飞机，运抵肯尼迪航天中心。			

肯尼迪航天中心历任主任名单：

1. 库尔特·H. 德布斯博士 — 1961~1974年
2. 李·R. 谢勒 — 1974~1979年
3. 理查德·G. 史密斯 — 1979~1986年
4. 弗雷斯特·S. 麦卡特尼中将 — 1986~1991年
5. 罗伯特·L. 克里彭 — 1992~1995年
6. 杰伊·F. 霍尼卡特 — 1995~1997年
7. 罗伊·D. 布里奇斯二世 — 1997~2003年
8. 詹姆斯·W. 肯尼迪 — 2003~2007年
9. 威廉·W. 帕森斯 — 2007~2008年
10. 罗伯特·D. 卡巴纳 — 2008年起

致谢

    这本书的写成，有很多人贡献了自己的时间和专业知识，从导游到技术专家，再到许多公共事务官员，他们亲切地安排访问地点、设备和人员。在那些提供帮助的人当中，我要特别感谢以下这些人，他们给予了我宝贵的帮助。

被采访人员
Historical interviews
Helmut Zoike and Erika Zoike (A4 launch sequence)
Konrad Dannenberg and Jackie Dannenberg (von Braun team history)
Norris C. Gray, Civilian Safety Officer (Bumper 8 and early launches at the Cape)
Orion Reed (Navaho program)
Steve Bullock (VAB), John Neilon (ELVs)

肯尼迪航天中心媒体办公室
KSC Media Office
Manny R. Virata, Jr. (KSC arrangements)
Margaret Persinger (images)
Kay Grinter (research)
Bill Johnson (LC-39 inspection)
Elaine Liston, Archivist (older images)
Bruce Buckingham

肯尼迪航天中心现场视察
KSC site inspection
Thurston H. Vickery, Manager, Transport Group, United Space Alliance
Kelvin M. Manning, OV-104 Atlantis Vehicle Manager, NASA (LCC and OPF)
Todd M. Konieczki, Manager GSS Grane Operations, United Space Alliance (VAB)

辉腾集团肯尼迪航天中心现场视察小组
Phaeton Group KSC Site Inspection Field Team

Hugh Williams, Mechanical Engineer

Cara Evangelista, Information Officer and Media Assistant

白沙导弹靶场

White Sands Missile Range

George M. House, Curator, New Mexico Museum of Space History

Jim Eckles, PAO White Sands Missile Range

范登堡空军基地

Vandenberg Air Force Base

Robert S. Villanueva, Boeing

Brain Hill, Sr. Airman and PAO

Jim Benson, CEO SpaceDev

美国缩尺复合材料公司/太空船一号

Scaled Composites/SpaceShipOne

Burt Rutan, Mike Melvill, Stu Williams

飞马座-XL火箭

Pegasus XL

Barron Beneski, Orbital Sciences Corp. Public Relations

协助联系

Contact Assistance

Irene Willhite, Curator, U.S. Space & Rocket Center, Huntsville

Ross B. Tierney

一般的研究

General Research

Al Hartmann

Capt. Matthew Cobb, Magnolia Firehouse, Larkspur, Calif.

还要特别感谢史密松尼学会的博物馆中航空太空馆的罗杰·劳纽斯的灵感和合作，格拉斯哥航天局局长大卫·哈兰德的精湛技术审查和善意支持，以及查克·海曼带我加入这个项目。

参考文献

以下参考资料提供了关于本入门书所涵盖主题的额外信息和在线资源。

书籍

Barbour, John. *Footprints on the Moon*. New York: Associated Press. 1969.

巴伯对阿波罗 11 号及其之前的任务进行了激动人心的描述，他的故事捕捉到了时代的奇迹，包含了许多后来从正史中移除的细节。

Benson, Charles D., and William B. Faherty. *Gateway to the Moon: Building the Kennedy Space Center Launch Complex*. Gainseville: University Press of Florida. 2001.

这本书是《月球火箭发射站》（1978）第一部分再版的平装版，是美国航空航天局对肯尼迪航天中心的经典官方描述。该书通过介绍工程、政治和决策的细节，充分展示了业内人士（黑人和白人）对建设月球火箭发射站的看法。

———. Moon Launch! *A History of the Saturn-Apollo Launch Operations*. Gainesville: University Press of Florida. 2001.

这本书是经典的《月球火箭发射站》（1978）第二部分的再版，详细介绍了有史以来最伟大的火箭——阿波罗登月计划中的"土星五号"火箭的发射。

Bilstein, Roger E. *Stages to Saturn: A Technological History of the Apollo/Saturn Launch.* Gainesville: University Press of Florida. 2003.

这是美国航空航天局关于月球火箭设计和建造的官方报告（1980）的平装版。这本书包含了丰富的技术细节，可读性也很强。

Bramlitt, E.R. *History of Canaveral District*, 1950－1971. So. Atlantic Dist. U.S. Army Corps of Engineers. 1971.

这本书从美国陆军工程兵团的角度详细而有趣地描述了建造开普角设施的工作。

Brooks, Courtney G., James M. Grimwood and Llloyd S. Swenson Jr. *Chariots for Apollo: A History of Manned Lunar Spacecraft.* Washing ton, D.C.: NASA, 1979.

这是一部详尽的官方历史，讲述了阿波罗11号指挥舱和登月舱的开发和使用。

Chaikin, Andrew L. *A Man on the Moon: The Voyages of the Apollo Astronauts.* New York: Penguin. 1998.

这本引人入胜的书是一本阿波罗宇航员的综合回忆录，由许多采访组成。这是从宇航员的角度对他们的经历的极好描述。

Collins, Michael. *Carrying the Fire: An Astronaut's Journeys.* New York: Farrar, Straus and Giroux. 1974.

这是一本阿波罗11号指挥舱飞行员的纪实性回忆录，从个人视角进行了生动的描述。

Compton, W. David. *Where No Man Has Gone Before: A History of Apollo Lunar Exploration.* NASA: Washington, D.C. 1989.

这是美国航空航天局到达和探索月球的官方历史。

Godwin, Robert, ed. *The NASA Mission Reports.* Burlington, Ont.: Collector's Guide Publishing/ Apogee Books (Space Series). 1999－2005 2004.

作者重印了太空任务新闻发布资料包，包括飞行后的宇航员述职报告和其他相关文件。该书还包含大量美国航空航天局的图表和照片，以及各种影像和电影的光盘。

Harland, David M. *Exploring the Moon: The Apollo Expeditions.* Chichester, UK: Springer-Praxis Books. 1999.

这本书带领读者和宇航员一起到达月球表面。哈兰德紧紧跟随阿波罗登月者的脚步，书中还包括几十张月景全景图片合集。

——— . *How NASA Learned to Fly in Space: An Exciting Account of the Gemini Missions.* Burlington, Ont.: Collector's Guide Publishing/Apogee Books (Space Series). 2004.

作者捕捉到了"双子星座"计划的精彩瞬间，并清晰地呈现了各种技术细节。

——— . *The Story of the Space Shuttle.* Chichester, UK: Springer Praxis Books. 2004.

这本书是关于航天飞机的权威描述的修订版，包含航天飞机的科学贡献、各项任务的重点和大量的参考表。该书内容详尽，可读性强。

——— and John E. Catchpole. *Creating the International Space Station.* Chichester, UK: Springer Praxis Books. 2002.

这本书对国际空间站设计和建造的演变及其背后的原理进行了细致而深刻的描述。

Heppenheimer, T.A. *Countdown: A History of Spaceflight.* New York: Wiley. 1977.

这本书对太空飞行历史进行了可靠而详细的综述，全面讲述了苏联太空计划，深刻分析了太空探索在政治和社会中的作用。

——— . *The Space Shuttle Decision: NASA's Search for a Reusable Space Vehicle.* Washington, D.C.: Smithsonian Institution Press. 2002.

这本书讲述了促成航天飞机设计的痛苦政治过程，并概述了航天飞机前身的历史。

Launius, Roger D. *NASA: A History of the U.S. Civil Space Program.* Melbourne, Fla.: Krieger Publishing. 1994.

这本书结合了历史文献和叙事技巧，简明地讲述了美国太空探索史。

Murray, Charles, and Catherine Cox. *Apollo: The Race to the Moon.* New York: Simon & Schuster. 1989.

在大量采访的基础上，默里和科克斯从飞行控制和工程的角度完美地描述了阿波罗计划，集中讨论了幕后的政治阴谋。

Ordway, Frederick I. III, and Mitchell Sharpe. *The Rocket Team.* Cambridge, Mass.: MIT Press, 1982.

这本书详细介绍了沃纳·冯·布劳恩的火箭小组，该小组在德国组建，后被转移到美国，在白沙、亨茨维尔和开普角开展工作。该书的叙述富有同情心，因为作者与冯·布劳恩相识。

Schirra, Wally. *Schirra's Space*. Annapolis, Md.: Naval Institute Press. 1995.

这是一名宇航员的回忆录，这位宇航员是水星7号的成员中唯一一名指挥了水星计划、
"双子星座"计划和阿波罗计划的宇航员。

Wendt, Guenter, and Russell Still. *The Unbroken Chain*. Burlington, Ont.: Collector's Guide
Publishing/Apogee Books (Space Series). 2001.

这本关于发射台负责人古恩特·温特的回忆录是从发射台技术人员的角度撰写的，该
书从个人的角度讲述了发射任务，具有很高的可读性和启发意义。

West Reynolds, David. *Apollo: The Epic Journey to the Moon*. New York: Harcourt Books.
2002.

这本书生动地讲述了阿波罗计划的历史，从其富有想象力的开端到最新的可能性。该
书着重讲述了硬件的工作原理，包括专门委托制作的航天器剖面图和月球探索路
线图。

Wolfe, Tom. *The Right Stuff*. New York: Bantam. 1983.

沃尔夫对水星计划的生动报道充满了色彩和幽默，但在各个方面都不精确。

网上资源

肯尼迪航天中心提供各种可访问的实况报道，涵盖其设施的历史和运营情况。美国航
空航天局的官方新闻资料袋也是极好的信息来源，大多数都可以在网上找到。通过
下列资源可以获取上述信息。

Apollo Archive（阿波罗计划档案）

基普·蒂格整理的阿波罗档案是阿波罗计划的全面参考资料，尤其以其高分辨率照片
而闻名。

Apollo Lunar Surface Journal

埃里克·琼斯博士汇编了在互联网上被大量研究的《阿波罗月球表面杂志》，该杂志对
月球探测期间的通信进行了完整注释和说明。这是一种特殊的资源。

Countdown! NASA Space Shuttles and Facilities fact sheet

IS-2005-03-015-KSC

Crawler-Transporters fact sheet

FS-2006-01-001

Encyclopedia Astronautica

这是马克·韦德的一本优秀的电子太空历史百科全书。书中的"卡纳维拉尔角"章节是探究关于开普角的航天发射复合体及其火箭的文章的一个绝佳起点。

From Landing to Launch (orbiter processing) fact sheet

IS-2005-06-018-KSC

Johnson Spaceflight Center

约翰逊航天中心是休斯敦任务控制中心及其在线数字图像收集部门的所在地。这种优越的资源是按计划和任务组织的。

Landing the Space Shuttle Orbiter at KSC NASA fact sheet

FS-2000-05-30-KSC (2000)

Space Shuttle Transoceanic Abort Landing (TAL) Sites fact sheet

FS-2006-01-004

Spaceline

克利夫·莱斯布里奇的Spaceline网站提供了关于开普角发射台、火箭和开普角火箭早期的文章。

Wernher von Braun and the Early Years of Rocket Development

沃纳·冯·布劳恩曾任美国航空航天局马歇尔太空飞行中心主任。该中心的遗产网站提供了关于冯·布劳恩和火箭早期发展的文章。

图片来源

p. 95 ↓ NASA/HQ-S65-30432

p. 97 NASA/JSC-S66-25782

p. 103 NASA/KSC-65-25875

p. 104-105 NASA/KSC-67PC-349

p. 106 NASA/KSC-72PC-176

p. 108 NASA Marshall Space Flight Center/MSFC-9131100

p. 109 ← NASA/HQ-70-H-1075

p. 109 → NASA Marshall Space Flight Center/MSFC-6200008

p. 110 NASA/GPN-2003-00056

p. 114 NASA/JSC-S-67-21294

p. 116 NASA/KSC-67P-0208

p. 117 NASA/KSC-64P-0145

p. 118 NASA Kennedy Space Center/KSC-04PD-2157

p. 119 ↑ NASA Kennedy space Center/KSC-05PD-1142

p. 119 ↓ NASA Kennedy Space Center/KSC-05PD-0179

p. 122 NASA/KSC-65C-0125

p. 123 NASA Kennedy Space Center/KSC-87P-0221

p. 124 NASA/KSC 98PC-1004

p. 125 NASA/MSFC-6870792

p. 127 NASA/MSFC6900558

p. 129 NASA/KSC-04PD-2685

p. 133 NASA/KSC-64C-5638

p. 134 NASA/JSC-AS11-40-5869

p. 138 NASA/KSC-69P-0623

p. 141 NASA Kennedy Space Center/KSC-69PC-0412

p. 142 NASA Marshall Space Flight Center/MSFC-6521237

p. 144 NASA HQ/GPN 2000-001483

p. 145 NASA/JSC-AS17-134-20384

p. 147 NASA/S70-17433

p. 148 NASA/HQ-SL3-114-1683

p. 150 NASA Marshall Space Flight Center/MSFC-8883912

p. 151 NASA/KSC-72PC-493

p. 152 NASA/KSC-73C-309

p. 153 © Bettmann/CORBIS

p. 155 NASA/JSC-SL3-115-1837

p. 156 NASA/MSFC-9401759

p. 158 NASA/JSC-AST-03-191

p. 159 NASA/JSC-AST-03-175

p. 160-161 NASA/KSC-02PD-1519

p. 162 NASA/DFRC-ECN-8607

p. 165 ← © Bettmann/CORBIS

p. 165 → NASA/MSFC-9132000

p. 167 © Dean Conger/CORBIS

p. 169 NASA Marshall Space Flight Center/MSFC-9142273

p. 174 NASA/KSC-05PD-0518

p. 177 NASA Kennedy Space Center/KSC-04PD-0937

p. 178 ↑ NASA/KSC-96EC-1336

p. 178 ↓ NASA/KSC-98PC-255

p. 180 NASA/KSC-99PP-0412

p. 181 NASA/KSC-95EC-1053

p. 182 NASA Kennedy Space Center/KSC-03PD-3201

p. 183 NASA Kennedy Space Center/KSC-04PD-0454

p. 184 NASA/KSC-01PADIG-139

p. 185 NASA Kennedy Space Center/KSC-03PD-2516

p. 186 NASA/KSC-03PD-3213

p. 189 NASA/KSC-04PD-2160

p. 190 NASA/Roger Ressmeyer/CORBIS

p. 191 NASA/KSC-98PC-1062

p. 194 NASA/KSC-04PD-1063

p. 198 NASA/JSC-STS071-S-075

p. 200 NASA/KSC-02PD-1987

p. 201 ↑ NASA/KSC-03PD-0243

p. 201 ↓ NASA/KSC-03PD-0733

p. 202-203 Getty Images Entertainment

p. 204 NASA/ STS79-E-5327

p. 207 NASA/KSC 04PD-2663

p. 208 NASA/KSC 03PD-0789

p. 209 NASA/Hubblesite.org

p. 215 ↑ NASA/KSC-03PD-0162

p. 215 ↓ NASA/KSC-04PD-2324

p. 218 Doug Benc/Getty Images

p. 220 NASA/John Frassanito and Associates

p. 223 NASA

p. 224 ↑ NASA/KSC-04PD-0637

p. 224 ↓ NASA/KSC-03PD-1954

p. 226 NASA/KSC S99-04195

p. 228 © Mojave Aerospace Ventures LLC, photograph by Scaled Composites. Space Ship One is a Paul G. Allen Project.

p. 231 NASA Kennedy Space Center

照片说明

原书封面　1989 年，STS-34"亚特兰蒂斯"航天飞机从 39B 号发射台升空，标志着为期五天的太空任务的开始。"亚特兰蒂斯"航天飞机载有五名机组人员和"伽利略"宇宙飞船，该飞船将在为期六年的木星之旅中开发。

Ⅱ-Ⅲ　2002 年，肯尼迪航天中心飞行器装配大楼上空一场突如其来的闪电风暴摧毁了"奋进"航天飞机的发射，该航天飞机原定将一名替补机组人员送往国际空间站。

Ⅳ-Ⅴ　2005 年，"发现"航天飞机位于移动式发射平台和履带式运输装置上，朝第 39B 号发射台上的旋转式和固定式服务结构靠近。

Ⅵ　1968 年，摄像机拍摄到阿波罗 6 号第二级即将分离并掉入大西洋。

Ⅻ　1969 年，美国航空航天局和载人航天中心的官员与飞行控制人员一起庆祝阿波罗 11 号任务的圆满完成。从左前方开始，依次是马克西姆·法杰博士、乔治·特林布尔、小克里斯托弗·克拉夫特博士、朱利安·舍尔（后）、乔治·洛、罗伯特·吉尔鲁斯博士和查尔斯·马修斯。

40　2005 年，"发现"航天飞机搭载在一架经过特殊改装的波音 747 上，从加利福尼亚飞往肯尼迪航天中心。

图书在版编目(CIP)数据

太空之门 : 肯尼迪航天中心 / (美) 大卫·韦斯特
·雷诺兹 (David West Reynolds) 著 ; 陈雷译 .
重庆 ; 重庆大学出版社, 2024. 7. -- (懒蚂蚁).
ISBN 978-7-5689-4571-4

Ⅰ. V4-241.712

中国国家版本馆 CIP 数据核字第 202442UG47 号

太空之门 : 肯尼迪航天中心
TAIKONG ZHI MEN:KENNIDI HANGTIAN ZHONGXIN

[美]大卫·韦斯特·雷诺兹(David West Reynolds)　著
陈　雷 译
责任编辑:赵艳君　　版式设计:赵艳君
责任校对:邹　忌　　责任印制:赵　晟
*
重庆大学出版社出版发行
出版人:陈晓阳
社址:重庆市沙坪坝区大学城西路 21 号
邮编:401331
电话:(023)88617190　88617185(中小学)
传真:(023)88617186　88617166
网址:http://www.cqup.com.cn
邮箱:fxk@ cqup.com.cn(营销中心)
全国新华书店经销
天津裕同印刷有限公司印刷
*
开本:787mm×1092mm　1/16　印张:16.5　字数:364 千
2024 年 7 月第 1 版　　2024 年 7 月第 1 次印刷
ISBN 978-7-5689-4571-4　定价:89.00 元